一板成功

高速电路研发与设计
典型故障案例解析

张晶威◎编著

U0214998

清华大学出版社

北京

内 容 简 介

本书是面向硬件电路与系统的工程技术类书籍,通过对电子工程设计中的实际故障案例分析,帮助读者形成硬件设计流程中电路调测和故障排查的方法体系。从研发设计人员的视角探求硬件电路与系统的测试测量、电路调试、故障分析以及解决方案,内容涵盖时钟、电源、逻辑器件、总线、高速信号、测量技术等常规的硬件电路模块,兼具理论性和工程实用性。

本书适合作为从事计算机、通信设备、高端仪器制造等行业的电路设计、开发专业工程师与研究人员的技术参考书,也可以作为电子与科学技术、电子工程专业高年级本科生和研究生的参考用书。

图书在版编目(CIP)数据

一板成功:高速电路研发与设计典型故障案例解析/张晶威编著.—北京:清华大学出版社,2022.1(2024.5重印)
ISBN 978-7-302-58923-5

Ⅰ.①一… Ⅱ.①张… Ⅲ.①印刷电路-电路设计 Ⅳ.①TN410.2

中国版本图书馆 CIP 数据核字(2021)第 171773 号

责任编辑:袁金敏
封面设计:杨玉兰
责任校对:徐俊伟
责任印制:沈 露

出版发行:清华大学出版社
网　址:https://www.tup.com.cn,https://www.wqxuetang.com
地　址:北京清华大学学研大厦 A 座　　邮　编:100084
社 总 机:010-83470000　　邮　购:010-62786544
投稿与读者服务:010-62776969,c-service@tup.tsinghua.edu.cn
质量反馈:010-62772015,zhiliang@tup.tsinghua.edu.cn
课件下载:https://www.tup.com.cn,010-83470236
印 刷 者:三河市科茂嘉荣印务有限公司
经　销:全国新华书店
开　本:170mm×240mm　　印　张:8.75　　字　数:157 千字
版　次:2022 年 1 月第 1 版　　印　次:2024 年 5 月第 3 次印刷
定　价:39.00 元

产品编号:093432-01

序言
FOREWORD

从"一板成功"到硬件故障排查

"一板成功"！初次听到这个词是在刚刚入行时，这是一位前辈的标签。笔者和这位前辈没有技术层面的交流，仅有的接触是给他送过一张单板。印象深刻的是，他戴上防静电手套，先触摸了墙边的暖气片后，才小心地打开包装……以致多年以来，笔者但凡接触到"有良好静电保护意识"的硬件工程师，都会留下"训练有素"的印象。

第二次在脑海中留下印记的是一次面试，略显锋芒的面试官喜欢问一些刺激神经的问题，其中便有："如何做到一板成功"？并补充道，"摆在你面前的事情很清楚，一板成功是考评优秀，两板是良好，三板勉强合格，再做就该走人了……"。

在此之前，笔者没有仔细思考过这个问题。现在再来回答这个问题时，已经有了一个框架的认识，再整理便成了今天序言的一部分。

1. "一板成功"之我见

"一板成功"这个词中的"一"字过于引人注目，从而成了优质产品的"标签""奖章"。时过境迁，笔者对"一"字的理解不同于以往，如今更关注"成功"。

到底何为"成功"？硬件设计的成功应该是阶段性战术意图的达成，不同的硬件项目或硬件产品存在要求差异，阶段性的目标也不同。例如下述情形。

（1）无参考案例的原型设计。

原型设计几乎没有供参考的相关设计案例，如新的核心芯片组，新的架构……这种原型设计的阶段性目标是实现需求定义的功能，此时"成功"可以定义为硬件平台能够支持固件和软件工程师开展工作、实现单板需求。

在计算机主板上，最低目标是 CPU 和主存组成的最小系统能够良好运行，启动（Boot）代码能够顺利加载，操作系统（OS，Operation System）能够运行,这样整个项目的人员都可以开展工作。如果因为硬件设计或芯片自身的问题,个别 I/O 外设功能未能实现,还有很多方法可以弥补,但是如果系统启动失败,所有的验证工作将很难开展。

这里需要用合理的成本(时间、物料和生产流程等)来保证功能验证的开展这个基本面。基本面不保,何谈成功,至于"一板"与否,以成本合理为标准。

(2) 量产产品的测试验证阶段。

产品在生命周期内一般生产几万片甚至更大数量,硬件平台有可供参考的案例,或是开发板,或是类似项目。那么此时"一板"的目标除了满足功能需求以外,还需要具备小批量试制(产),并导入测试的硬件条件。电源与信号完整性、系统集成测试、稳定性与可靠性测试等工作可以在此平台上开展,反馈的问题可以在此平台进行解决或优化(解 bug),为量产版本打下基础。对此类产品,单纯地追求"一(板)"是不现实的。

综上所述,"一板成功"不能脱离阶段性战术意图的目标。识别主次,辩证地看清"成功"是对"一板"的有力支撑,并做到有重点地进行设计。

而不论何种项目,故障排查几乎贯穿电子信息设备的全生命周期。"成功"与"故障排查"是紧密绑定的。

2. 本书要说的重点——硬件故障排查

目前最庞大的故障案例分析和故障排查资料是以"复盘报告""技术分享""质量报告""归零文档"等形式存在于各企业的防火墙之后,形成企业的"积累"和工程技术人员的"经验"。由于行业背景的差异、企业优势和特长的不同、工程项目的独立性等原因,没有形成解决问题的"通解、通法"及故障排查的方法论。事实上,防火墙后的文档质量也参差不齐。

除了上述文档中所涉及的专业知识,我们更关注硬件电子产品的故障如何被发现,怎样解决,为何发生,能否避免(如同学生时代,查看一道题目的答案可以学习知识,目标是学会解题思路,这是同样的道理),所以需要将这些硬件电路与系统领域的"报告""案例"进行抽象,形成方法。本书开篇谈方法论——硬件故障排查的方法论,接着再谈故障排查之阵眼——现象复现,并认识故障表象与本质的差异,从而捕捉故障的根本原因,这需要客观的思维。进一步用案例去践行这些方法,即知行合一。

接下来的几章涉及时钟、电源、复位。一方面是呼应硬件故障排查方法论之"三板斧";另一方面其中的案例涉及时钟、电源、复位启动多个角度,体会方法至简,应用"不可胜穷"的要义。并在"不可胜穷"的案例中,解释案例的用处是什么。为什么如此鼓励亲临一线操作、实践?因为硬件工程师要理解实践中的"执行力",硬件电子技术的故障排查是在实践中不断探索和趋近本源的科学。

　　除了在项目案例中践行方法,电子科学与技术是一套完备的知识体系,脱离知识而空谈方法,无异于镜中花、水中月,所以本书将进一步论述"MOS管和逻辑器件""总线""高速电路"等设备以及"测试、测量技术"。

　　最后再次提升认识,思考设计中如何提升质量、控制风险,这与在故障排查过程中正视故障、解决问题是一种思想的两种表述方式。

目录
CONTENTS

第1章

硬件故障排查的方法论

故障排查是产品研发设计流程中最艰苦的阶段,同时也是一个原型机能够蜕变为产品的必要历程,本章将阐述硬件故障排查的基本流程和原则。

1.1 硬件故障排查的"三板斧"

硬件电子产品的故障排查(下文简称"故障排查")需要切实可行的,至少是能够执行的方法。故障排查的过程中,一线的指挥员和战斗员需要"炸碉堡"的方法。请注意,在战术执行层面,"我只要结果"等于"我没有办法"。

务实地讲,战术执行层面需要"有方法",而且最好是简单易行的方法。工程实战推崇"大道至简"。"舍其易者而不行,究其难者以为学"——求奇、求繁而生拉硬拽的方法,应予以摒弃。

1.1.1 硬件故障排查的一看、二查和三板斧

常规情况下,当系统或单板出现硬件电路故障时,可以按照如下三步流程进行操作。

(1)检查系统环境和单板外观,这部分包括(并不限于下述内容):单板使用时实际的物理环境、操作方法;单板本体的实际状态,有无明显的物理碰撞、划伤、翘曲、异物附着,焊接情况如何,有无短路烧板等。一个极端的例子:如果电源供电线缆的连接状态都未检查,就贸然开始研究单板故障,这就过于莽撞。

(2)检查单板的约束引脚(Strap Pin)和硬件配置,检查单板或系统设置是否处于目标状态。此时需要参考设计文件或者用户使用手册等,确认使

用条件和操作方法的正确性。

（3）如果上述外部环境和使用配置都正常，硬件故障排查一般采用"三板斧"，即对电源、时钟、复位进行检查。

总结一下，排查流程是：先看"**环境适合使用吗**"，再查"**使用方法正确吗**"，最后采用"**三板斧**"。

以上三点是本书阐述的排查硬件故障的核心思路，故障案例的排查、解决过程均从中得以体现。

1.1.2　案例 1——PCI 系统兼容性问题及"三板斧"的流程

下面通过一个故障案例，使读者初步了解"三板斧"的流程。

1. 案例背景

一款早期含 PCI 总线（Peripheral Component Interconnect Bus，外设部件互连总线，一种计算机总线标准）的机箱产品，背板包含 1 个控制器槽（插 CPU 卡，有的机箱定义为 0 槽，称为"零槽控制器"），7 个外设槽（插 I/O 卡），其中外设槽按照距离控制器物理位置由近及远依次编号为 2～8 槽。

应用过程中发现一些标准 PCI 外设功能板卡在 4～8 槽存在无法识别的情况（同时，在此机箱 4～8 槽中存在能够被正确识别的 PCI 外设板卡）。而上述 4～8 槽中无法识别的异常板卡应用在另一种 PCI 标准机箱产品的各槽位中，都能够被正常识别。故障机箱平台及故障状态描述见图 1.1。

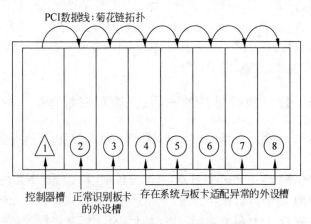

图 1.1　故障机箱平台及故障状态描述

2. 系统适配

针对案例 1 中描述的故障信息，此处插入一段关于系统适配的知识。

电子产品在批量化生产前,一般由各工业协会先确立标准,产业链中的各厂商均在相应的标准下设计、测试、生产产品,确立标准便于产业链细分。例如案例1中所描述的系统,机箱系统平台厂商和外设功能卡厂商就可以实现细分,两者"对话"的接口就是标准。

标准包含的内容可能非常繁杂,并非仅仅一组接口信号定义和一些电气参数指标,有的接口还包括协议、固件配置或用户自定义内容。另外,标准中的一些参数指标包括阈值范围,厂商可根据自身产品情况作出调整。

案例1的背景描述采用了交叉验证的方法,即至少两种机箱系统平台与至少两种外设板卡相互交叉匹配,目的是初步确定哪种设备的兼容性较差或不符合标准规范。

系统设备的适配和兼容问题是普遍存在的,是常规系统集成测试项目之一。

回到案例1所描述的系统适配问题,故障现象整理如下。

(1) 距离控制器较近的 2、3 两个槽,外设板卡均可被识别。

(2) 异常板卡在 4 槽有时能够被识别,有时不能。

(3) 异常板卡在 5~8 槽,无法被识别。

(4) 异常板卡更换到其他型号的机箱能够正常工作,本机箱的 5~8 槽能够识别某些 PCI 标准板卡。

针对上述故障,下面实践故障排查的一看、二查、三板斧流程。

1. 外观检查和上电测试

首先检查外观是否存在磕碰痕迹,初步了解使用者大概在何种环境中进行应用。特别地,这是一台包含 CPCI(Compact PCI,紧凑型外设部件互连,一种加固计算机总线标准)连接器的机箱,这种连接器包含很多插针,需要检查针脚的状态,确认是否存在断针、弯针等异常。

再将系统上电,检查设备启动状态和运行情况。尽可能搜集更多信息,同使用者对故障现象进行交流。

在搜集信息的过程中,最重要的原则是客观,这部分内容会在 1.2 节进行讲解。

2. 被测设备、适配件进行横向对比试验

此步骤在常规的故障排查流程中是一个可选项。有的案例不允许轻易破坏故障环境,也就是不能轻易更换,则无法进行对比试验。

此案例是应用公司自研硬件产品的系统集成项目,因此采用横向对比试验确认该故障是产品个体的案例(良品率问题),还是整批产品出现适配故障。经过对比发现是该类机箱产品的共性问题。

3. 电源

在故障排查测试中,电源测试非常重要,第 3 章会专门进行论述。

粗略地看,本案例中电源发生故障的可能性不大,主要原因是,通常背板电路主要由电源平面和高速互联线路构成,电源平面的通流很大,不同槽的电源一致性也很好。完整的电源平面使不同槽的电源存在差异的可能性很小(反言之,若某一槽存在故障,将同时影响背板整体电源平面的供电),案例 1 中,2、3 槽的外设是正常运行的,证明电源发生故障的可能性不大。

另外,在硬件设计中,除了满足机箱系统供电的各种标准外,设计指标一般会留有裕度。在此列举一些机箱系统供电规范与实际硬件电路设计的例子,例如 PXI-5(PXI,PCI Extensions for Instrumentation,面向仪器系统的 PCI 扩展) 规范中,3 槽及以上宽度(标准 1 槽宽度为 20.32mm)的控制器规范中,+12V 供电>11A,包含 PXI Express 外设或混合(Hybird)的 I/O 外设槽中,+12V 供电>2A。依据上述规范的 8 槽机箱,+12V 供电应为

$$11A(1 个控制器槽)+ 7×2A(7 个外设槽)=25A$$

在背板设计中,硬件设计人员需满足规范的基本约束,包括背板平面的通流参数、连接器及线缆的通流参数、+12V 电源输出的额定功率,均需按照不小于 25A 来设计。另外,为了确保系统稳定可靠(例如高温环境中设备电流会急剧增加),还会保留一定设计余量,这种设计的裕度值没有一定之规,一般会根据系统设计的客观条件及设备应用场景的约束,增加 30%～50%作为裕度,但是不会为非必要的余量额外增加设计成本。同时,电子元器件、模块、连接器、线缆可能也在标称参数下留有余量,只能通过实测获得部件组成系统后的极限参数。

上文分析了本案例中由电源引发故障的可能性很低的原因。但是,这并不意味着电源的测量可以省略。

"故用兵之法,无恃其不来,恃吾有以待之;无恃其不攻,恃吾有所不可攻也。"用侥幸心理去设计、测试、故障排查、生产……都会出大问题。

此案例中的电源测试,重点测什么? 主要测试在系统启动过程中,插入 5～8 槽的正常识别板卡和异常板卡的电源参数差异,例如:

(1) 静态特性——电压值、纹波差异等。

(2) 瞬态特性——初始化过程中(此时负载变化较大),电压的波动等。

(3) 详细检查异常槽供电针脚的完整性(是否存在弯针、断针,外观检查时为粗查)。

（4）检查满载板卡时机箱电源的带载能力。

经过测试，电源未见明显的异常状况。这个结果与测试前的分析是一致的，但是，不代表这个测试动作可以用"想"来代替。

4. 时钟

时钟是数字电路的核心问题之一，后续会在第 2 章讲解时钟参数、时钟质量等方面的技术内容，本案例属于系统适配的问题，需要测量控制器和背板的时钟包括，案例中的背板包含 PCI 标准的 33MHz/32b 总线，最重要的时钟是控制器槽扇出至各外设槽的 33MHz 时钟，这个时钟与 PCI 外设的初始化和通信是直接相关的。另外，系统还包含外设槽的同步时钟等。经初步检查，时钟波形未见异常，在此粗略地进行时钟测量，主要检查是否存在时钟输出，以及时钟是否包含明显的"频率异常""回沟"等问题，并不涉及时序、抖动和更多的时钟质量测试，上述流程采取"先粗再精"的原则，先对系统进行宏观的排查，初步锁定发生故障的范围后，再进行精细的测量和深入的研究。

5. 复位、初始化、软件工作情况

在系统启动过程中，背板上 PCI 的复位信号 RST♯，经过测量，复位动作正常发送至各个外设槽。

PCI 外设的初始化配置是在 BIOS(Basic Input Output System，此处是指计算机中负责 CPU、内存和外设等初始化，并引导、加载操作系统的功能代码)流程中进行的。初步检查 PCI 外设在 BIOS 流程中是否被识别，用来区分硬件设备是在操作系统中出现问题(例如操作系统中的一些外设驱动问题)，还是在 BIOS 流程中已经出现异常。检查发现，异常的 PCI 外设在 BIOS 中无法识别。

1.1.3　小结

以上为此案例的初步测试流程。关于此案例的结果以及调测流程，暂不进行详述，后续会在 6.1 节中予以解读。此处目的是使读者大致了解故障排查流程，即对系统硬件状态进行初步摸底。

针对不同案例，上述步骤或存在调整，基本思路并无太多差异。

"战势不过奇正，奇正之变，不可胜穷也"。基本的流程并不复杂，具体到案例的取舍执行，变化调整又无穷尽。

《大学》曰："物有本末，事有终始，知所先后，则近道矣"。把握哪些是通用流程,需要在故障排查流程中优先覆盖;哪些是具体问题,需要针对具体场景进行个例分析,个例分析按照怎样的优先级排序,分清主次先后,"则近道矣"。

1.2 现象整理

故障复现是故障排查的核心(特别是随机发生的故障),找到故障的触发方式就找到了钥匙。

试验的倾向包含对故障结论的预测。预测意味着感性认识、灵感、经验的结合,这是最初的试验倾向和路径,会随着对故障认识的深入而调整。

在本节中,首先介绍排查故障的试验工作是如何开展的,然后指出试验报告的常见误区,使用一个反面案例说明该误区,最后以一份测试报告为例讲解"现象整理"。

1.2.1 排故工作如何开展——制订试验计划

复现故障的试验计划是找到故障根因的途径。在寻找故障根因的过程中,试验计划的制订会受到一定制约,如果片面放大故障疑点的范围,可能容易复现故障现象,但增加了变量和分析的难度;反之则难以复现故障现象。试验计划者需要权衡、拆解这些影响因素,可能需要反复试验。

故障排查之初先制订试验计划,大体分成如下几个步骤,如图1.2所示。

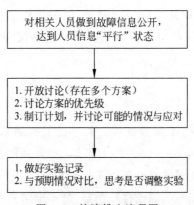

图 1.2 故障排查流程图

(1) 在故障排查相关人员中(特别注意"相关"的真正含义),对已知信息做到公开。目的是相关人员做到信息对等,要求讲解人客观释放信息,切忌

"带节奏"和"我认为"。

（2）相关人员进行"头脑风暴""开放讨论""专题会议"，通过上述形式讨论出试验流程，其中可能包含多条试验计划，每条提案都需要给出分析、猜想、试验计划、预想结果，形成一条完整的试验计划链。并对多种提案进行取舍，将试验按优先级排序。

（3）做好试验记录。根据提案的试验计划，记录执行过程和结果。及时对比试验与预想结果的偏差，并分析结论或纠正试验走向。若试验结果和预先分析偏差过大，需要核查试验实施的正确性，考虑调整试验或选择其他试验。良好的试验记录除了有助于故障分析，还能保证测试安排有序、有效，避免重复和混乱的试验安排。

1.2.2　报告的误区

发现真实的故障现象并分析原因，是故障排查流程的第一步，影响着后续解决方案。从实践的教训中总结出的常见误区有以下两个。

（1）不清晰的战术执行步骤。

（2）对故障现象"夹带"个人或他人的主观想法。

实际工程中，根据故障复杂、紧急程度等差异，可能是一位工程师单兵排查，或技术方向相同的几位工程师并行排查，或是技术方向不同的工程师按模块分类排查。参与故障排查的组织越复杂，误区中的做法所造成的混乱越明显。

故障排查工作的重要原则是客观。很多故障排查流程混淆了"信息"和"猜想"，没有弄清"已知（客观事实）"和"自己以为知（主观认识）"。

已知信息是出发点、根据地。

故障排查试验过程一定需要"猜想"，但是如果搞错起点，从猜想出发，试验的结果往往是回到真正的原点（已知信息），白跑一圈。

下面列举一个故障案例报告，体会"故障信息"与"猜想"的差别。

1.2.3　案例 2——CPCI 系统启动过程宕机，兼谈故障
　　　　　报告的误区

1. 案例背景

在一个工控 CPCI（Compact PCI，紧凑型外设部件互连）标准机箱和控制器应用场景中，机器上电启动 2s 左右出现掉电，比较直接的观感是"呼"风

扇骤停；另外，系统偶尔能够上电启动成功，故障现象不稳定。

得到 FAE(Field Application Engineer，现场应用工程师）的故障报告邮件：“机器启动后，风扇忽然停转，看着像电源供电功率不足，再启动仍然是这样……”。

尽管上述报告只是一封邮件的简述，不是一个正式的报告，但是仍包含一些“硬伤”。

其中，如 1.2.2 节所述误区 2，“夹带”了个人主观看法“看着像供电功率不足”。这种描述对故障的排查是有负面影响的，负责故障排查的工程师应予以滤除。

笔者回复的邮件是：“对于计算机系统，有时表象和本质存在巨大差距；一个仅插入控制器而无 I/O 设备的机箱，且在不了解电源设计额定功率的情况下，不能用‘看着像电源供电功率不足’来描述故障现象……”。

2. 误区与解读

以案例 2 为例，“机箱和控制器系统会概率性地出现启动 2s 左右时骤停”是已知信息；电源功率不足则是一种猜想。

如果把电源功率不足这个猜想“夹带”进已知信息，试验方案很可能就设定为更换一个功率更高的电源。而且因为系统存在一定的概率能够启动，测试几次恰恰能够“正常启动”（原因在 1.3 节解读中叙述，上述逻辑不矛盾，现象不神奇，是真实发生的情况）。测试“正常”的样机又被拿到演示现场使用，结果再次宕机，进而得到在某现场即发生故障的“玄学”结论……。

而正确的步骤为：已知信息是“系统启动时可能宕机”，猜想是“电源功率可能不足”，计划则应该是对比系统“轻载”和“重载”的差异。例如系统轻载启动 10 次，重载启动 10 次，进行结果对比，如果通过试验发现带载差异不是影响系统启动的直接原因，我们仍需要回到原点寻找宕机原因。

前文讲解如何客观认识故障现象和选择试验，下面通过一个正面的案例讲解如何做试验记录及“现象整理”，注意“客观”仍是核心思想。

1.2.4　案例 3——器件兼容替代引发内存数据错误，兼谈一份优质测试报告

故障案例现象的初步描述：某系统计算机核心模块处于稳定产品状态，因系统关键元器件/部件需要兼容代替，更换主存储器物料和电路板生产厂商后，出现了一定比例的内存数据错误和丢失的故障，并伴有在温度循环试验中，故障概率升高的现象……。故障案例整理报告如表 1.1 所示。

表 1.1　某计算机模块故障现象整理表

单板编号	SoC 型号	内存	PCB 版本	固 件 版 本	测试温度	现 象 说 明
1#	Ⅰ型	Ⅰ型	新	Bootloader：××× 测试程序：×××	25℃	单板稳定复现出现内存[31:0]数据丢失情况；测试24h
3#	Ⅱ型	Ⅰ型	新	Bootloader：××× 测试程序：×××	25℃	单板稳定复现出现内存[31:0]数据丢失情况；测试24h
5#	Ⅱ型	Ⅱ型	新	Bootloader：××× 测试程序：×××	25℃	单板偶发内存[3:0]数据错误情况；测试24h
6#	Ⅱ型	Ⅱ型	旧	Bootloader：××× 测试程序：×××	25℃	状态良好；测试24h

注：因本案例的行业特殊性，将现象描述做部分修改，请读者体会方法而非案例本身。

整体上看，这是一份高质量试验报告，尽管故障现象暂时仍不能直接指向故障的根本原因，但报告有以下几个突出优点。

（1）没有主观倾向性描述。

从案例的描述看，故障出现过程中涉及的因素（影响变量）包括器件、电路板、温度等。在故障出现的初期，描述呈现主观性是常见误区，极易"夹带"假象。特别是更换部分器件后，被测单板的数量可能有限（甚至不足），测试环境通常是混搭的，受干扰的要素较多，测试人员在此状态下的初步报告（口头报告或未整理的邮件报告）常常带有主观性，即使熟悉该系统的研发人员初见故障现象，认识可能也是片面的。

而在该测试报告中，计划者和测试者梳理了单板状态，在有限的测试条件下（被测单板较少），对测试环境变量进行了约束，在现象报告中没有出现"可能""觉得"这一类词汇。

（2）有清晰的战术意图。

测试计划者有明确的战术意图，即暂时排除温度这个变量，计划者主动进行影响因素的控制（先控制常温条件，可以考虑下一步再做温度循环试验）。

这份测试报告在计划上已经排除了一些主观倾向，因为影响变量越多，测试人员对现象反馈越容易混乱。同时，清晰的战术意图有助于测试执行人反馈客观、清晰的报告。

可能会有读者对上文的报告和阐述持有异议：一份不能完整复现现象的报告，一些不确定的假说，能解决问题吗？板子的编号都不完整，1、3、5、6，这种支离破碎的报告何谈质量？

了解工程实践的读者知道，工程现场情况可能非常复杂。可能包含如下场景：

报告中的样板只有 6 片，除了 4 片测试板，另外 2 片可能在执行任务，甚至正在无法操控的现场出现了故障，报告中这 4 片单板需要平行复现，研究对策，没有更多的样本供测试。

报告中 I 型 SoC 是高值物料，替换试验成本极高，甚至没有机会替换。内存颗粒相对价格低，因此可以更换 6♯板的内存为 I 型，二次查看故障状态，以核验电路板的差别问题。

"兵无常势，水无常形"，工程现场无一定之规。"清晰的意图"和"客观的报告"是工程中进行灵活故障排查的原则，在该原则下，方法是灵活应用的。

1.2.5　小结

复现故障现象是解决问题的入口，本节介绍试验方案的取舍、开展试验的一般原则，而现象整理是试验高效率的保障。在认知故障现象层面，最重要的原则是客观。按部就班地执行，客观地观察、记录、思考。

1.3　表象与本质的距离

在 1.2 节阐述信息处理方法和原则时，强调故障排查人员采用客观视角是整理现象的原则。另一方面，整理现象也是客观认知、故障梳理排查的保障。本节内容将用一系列的案例说明表象和本质的差距。

在包含计算机系统的电子产品中，有时故障表象与本质的差距非常大，主要原因是系统软硬件配合的复杂性。本节将讲解三个案例，案例 2 和案例 4 的故障的根本原因均与计算机系统中 PCI 外设初始化配置相关，而依据故障的直观表象，很难让人联想到故障的根本原因是系统启动时 PCI 外设初始化配置的问题。案例 5 的故障的根本原因是 VGA 标准接口的硬件故障，而故障表象是在操作系统启动后，支持双屏显示驱动（软件）后发生的异常。

读完本节内容之后，或许能理解笔者为何如此重视客观视角。

1.3.1 案例 2 的解读

我们进一步解读案例 2：在 CPCI 机箱和控制器应用场景中，系统上电启动 2s 左右，出现宕机重启；偶尔能够上电启动成功，故障现象不稳定。

现场技术支持工程师认为是电源功率不足。每位入局故障排查的工程师都有自己的先验知识，但是面对电子技术这个大平台，再丰富的经验都是沧海一粟，而且电子技术仍在不断演进。单纯使用理论知识和技术积淀不可能覆盖这个行业中不断涌现的新问题。知识是解决问题的基础条件之一，在不断更新自身知识的同时，还需要找到解决工程问题的思路和方法，而思路和方法是相对固定的。

1. 14 槽机箱的总线架构

在 1.2 节中，阐述了案例 2 的现象与"功率不足"这种假设的验证，说明了其假设的不合理性。此处进一步描述系统框架，并解释故障的根本原因。图 1.3 所示为该机箱和控制器系统的框架图。因为 PCI 总线是菊花链拓扑，透明桥的驱动能力有限，故系统的 9～14 槽需要第二级透明桥来扩展。

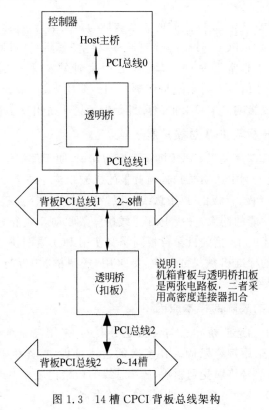

图 1.3 14 槽 CPCI 背板总线架构

PCI 透明桥是一种特殊的 PCI 设备,具有独立的配置空间,接收 Type 1 型配置请求(相对应地,PCI Agent 接收 Type 0 型配置请求)。在计算机系统启动过程中,BIOS 负责系统初始化和引导加载操作系统功能,以某种体系结构计算机的启动流程为例,说明 PCI 总线外设初始化配置在启动过程中的位置:CPU 核心(core)初始化→高速缓存(Cache)和内部高速总线的初始化→内存初始化→PCI 总线外设初始化配置→加载启动操作系统。在上述启动流程中,CPU、内存、PCI 总线的硬件初始化工作在系统整体启动过程中都是比较靠前的,例如在桌面个人计算机启动过程中,上述这些工作都是在显示器点亮之前完成的。

回到案例 2 的系统中,PCI 总线树设备包括控制器部分芯片组和桥设备(系统未插入 PCI 外设卡)。如果桥设备的初始化出现异常,系统重新执行上电启动流程是常见的 BIOS 操作,即计算机系统中一张 PCI 或 PCIe 卡出现故障,或直接影响系统启动。也存在例外的情况,目前一些服务器或工控机的 BIOS 包含如下机制:在启动中可能检测到 PCI/PCIe 设备故障,尝试启动几次后可以剔除该故障节点,继续执行启动流程,这需要 BIOS 代码和部分硬件支持该功能。

通常,PCI 外设与 CPU 之间的关系被称为是紧耦合的,因为 PCI 外设的初始化配置涉及向 PCI 外设分配(映射)内存空间等计算机底层操作,内存地址出现异常是非常严重的故障,势必引发计算机系统宕机。相应地,USB、以太网等通信设备与系统是松耦合的。简单来讲,插拔这些外设不会对系统启动造成影响。案例 2 的故障即是背板透明桥出现了初始化异常。

2. CPCI 背板与 PCI 总线扩展

此处插入一部分关于 CPCI 机箱背板的知识,便于理解使用 PCI 透明桥扩展总线,以及案例中透明桥扣板与背板的机械结构。图 1.4 是一种标准的 3U 8 槽 CPCI 背板,背板的 PCI 总线是以"菊花链"拓扑连接。受限于 PCI 总线电气驱动性能的约束,一级 PCI 总线桥一般驱动 5、6 个 PCI 外设。

案例 2 所述的 14 槽的机箱背板则需要使用 PCI 透明桥进行扩展,受限于槽与槽之间的标准机械尺寸约束,则采用"透明桥"扣板与背板叠构的结构对 PCI 总线做扩展。

3. 案例 2 的故障的根本原因

系统背板上的透明桥扣板与背板是分离的,采用高密度连接器与背板连接,扣板直接采用螺钉紧固。在多次的运输过程中,连接器出现松动,电气连接不可靠,信号传输受到影响,PCI 总线的初始化过程中出现异常,因为计算机系统 PCI 外设的紧耦合性,导致系统重启。

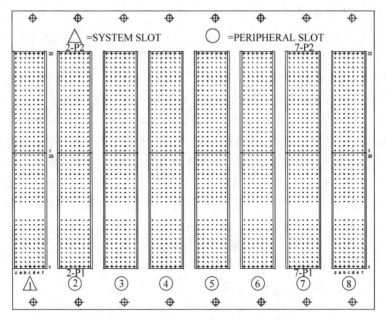

图 1.4　标准的 3U 8 槽 CPCI 背板

不了解计算机启动流程的用户,有可能认为点亮计算机显示器为"启动",而实际上点亮显示器之前,计算机的启动流程已经执行了很多代码。这就是表象与本质的距离。

1.3.2　案例 4——系统外设接入与 VGA 接口显示异常故障绑定

案例 2 涉及 PCI 桥设备配置异常的情况,再列举一个类似案例 2 的故障。

1. 背景描述

客户反馈:在客户的应用适配现场,一张 CPCI 计算机卡的 VGA 显示功能出现故障,显示器屏幕图像完全错乱。

将该板卡寄回研发部门进行测试,发现启动正常,未出现客户所描述的图像错乱故障。研发人员针对此故障报告,特别检查了 VGA 接口相关的电路和信号,未发现异常。

板卡返回客户方使用,再次复现故障,试验查明:该控制器在应用过程中,只要机箱中插入任何一张标准 PCI 外设卡(设备),即出现显示故障问题。将 PCI 设备卡拔出,故障现象消失。

2. 故障排查过程

直观的现象是 VGA 显示功能异常,研发人员检查 VGA 接口电路和信号质量,没有发现异常。此时,不得不思考"图像显示故障"与"系统插入 PCI 外设卡"这两个事件的联系。

CPCI 总线系统架构框图如图 1.5 所示,系统 PCI 总线拓扑如图 1.6 所示。固件工程师参与调试后发现了故障与系统插入 PCI 外设卡相关的原因:在 BIOS 启动过程中,当系统插入 PCI 外设板卡后,PCI 显卡的基地址配置参数出现错误,这是导致显示故障的直接原因。鉴于计算机系统硬件与软件是密切联系的,在找到故障的根本原因之前,有时很难清晰划分硬件故障或软件故障,在计算机系统故障排查的过程中,软、硬件联调是常态。

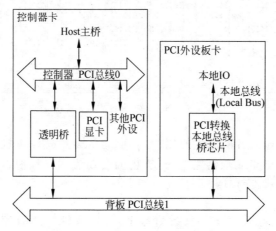

图 1.5　CPCI 总线系统架构框图

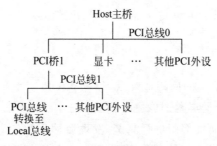

图 1.6　系统 PCI 总线拓扑

为了更好地理解 PCI 显卡基地址参数配置错误,下面讲解两个概念,一是与系统 PCI 设备扫描顺序相关的"深度优先"算法,用于理解 PCI 设备树扫描 PCI 外插卡与 PCI 显卡的先后顺序;二是 PCI 空间与 PCI 外设的基地址寄存器,案例 4 中出现配置错误的寄存器就是 PCI 显卡的基地址寄存器。

第一个概念是关于 PCI 设备树扫描的"深度优先"算法。在此,基于图 1.6 的总线拓扑描述该算法的流程。首先 Host 主桥扫描 PCI 总线 0,优先处理该总线上的"桥设备"(PCI 桥 1),并标记 PCI 桥 1 设备(PCI 桥是一种特殊的 PCI 设备)配置空间的 3 个寄存器。

(1) 上游总线号(primary bus)寄存器,以图 1.6 为例,primary bus=0。

(2) 下游总线号(secondary bus)寄存器,下游总线号,即按顺序 secondary bus=1。

(3) 该透明桥直接访问的下游最大总线号(subordinate bus)寄存器。因为在标记该寄存器时,系统需要继续扫描 PCI 总线 1,此时不知道 PCI 总线 1 是否包含"桥"设备,暂时不知道下游能够访问的最大总线号,因此暂时记为 subordinate bus=0xFF。

基于"深度优先"算法,在配置 PCI 桥 1 后,系统暂时不会处理 PCI 总线 0 下的其他设备,而继续深入 PCI 桥 1 的下游,对图 1.6 中的 PCI 总线 1 进行扫描,同时仍然优先寻找"桥设备",若发现"桥设备",执行类似 PCI 桥 1 的配置操作,并继续深入"桥设备"的下一级总线,以此类推。本案例中,PCI 总线 1 不再包含"桥设备",则认为 PCI 总线 1 不再扩展其他 PCI 总线,则 PCI 桥 1 相应的下级最大总线号 subordinate bus=1。

然后,系统继续扫描 PCI 总线 0,检查总线 0 是否包含除 PCI 桥 1 以外其他的 PCI 桥设备。本例中,PCI 总线 0 仅包含 1 个 PCI 桥设备,则完成扫描。

第二个概念与 PCI 设备的地址空间相关,所有的 PCI 设备映射到共同的一段地址空间——PCI 空间,以便 PCI 设备的统一编址。每个 PCI 设备分配一段地址,如图 1.7 所示为 PCI 空间及 PCI 外设存储空间。每个 PCI 外设的基地址保存在自身的基地址寄存器(Base Address Register,BAR)中,类似上述第一个概念中的 3 个总线号寄存器,基地址寄存器也是 PCI 外设配置空间寄存器中的一部分。

在本案例中,当系统 PCI 桥 1 的下游包含 PCI 外设时(PCI 桥 1 下游插入 PCI 外设卡),系统扫描到 PCI 桥 1 的下游设备,固件工程师发现 PCI 总线 0 挂载的 PCI 外设显卡配置空间的基地址与实际显存空间(PCI 外设空间映

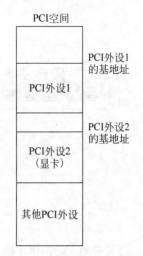

图 1.7　PCI 空间及 PCI 外设存储空间

射至内存)的基地址不一致,显存内数据即为错误数据。

3. 故障的根本原因

一般的 PCI 总线架构中,PCI 标准外设接入透明桥下游,为何代码会出错?

检查重点在透明桥(PCI 桥 1)的下游链路。因为 PCI 桥 1 下游没有 PCI 外设加入到系统时,显卡的显示功能是正常的。同时 PCI 总线 1 的挂载设备又是优先扫描和配置的,在 PCI 空间中分配的地址段也是靠前的。

按照 CPCI 规范,连接器端总线信号均串接 10Ω 端接电阻,图 1.8 展示了一种标准 3U CPCI 控制器(宽 100mm,高 160mm)及端接电阻布局的放大图,从 PCB 布局看,这些信号的串接电阻非常密集,串联端接电阻中还包含一些信号的上拉电阻,如 PCI 总线中 TRDY♯(目标设备准备完毕信号)的 10kΩ 上拉电阻。悉心检查硬件发现(PCB 板上存在焊接痕迹),设备调试中错误地将 TRDY♯ 信号上拉的 10kΩ 电阻焊接至透明桥下游总线数据/地址线 AD17 的端接电阻上(该电阻应为 10Ω 端接),导致信号传输错误。PCI 透明桥 1 下的设备基地址出现错误,因为其分配的 PCI 空间的地址顺序靠前,而 PCI 总线 0 下挂载的设备(例如显卡)分配的地址空间顺序靠后,受到先进行地址分配设备的影响,显卡数据的存储地址出现错误。

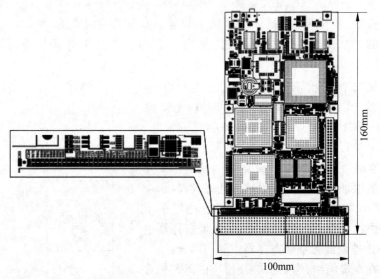

图 1.8 一种标准 3U CPCI 控制器及端接电阻布局的放大图

相对应地,如果 PCI 桥 1 下游未挂载 PCI 外设,即不存在需要分配 PCI 空间的设备,PCI 总线 0 下挂载的 PCI 外设,基地址配置与实际分配空间的基地址正常匹配。

　　复盘该故障排查的流程,系统 VGA 显示出现故障是非常直观的,吸引了故障排查人员的注意力,显示接口的电路即成为故障排查的重心,而忽视了调试过程中的其他现象。深层次地讲,管理或质量控制存在疏漏。同时,技术人员仅怀疑 VGA 模拟信号受到干扰,而并未找到干扰源。

　　"事后诸葛亮"式的说辞意义不大,一方面现象是计算机显示异常,一方面原因是主板上一个似乎与显示功能完全无关的电阻错误焊接,这两者的关联是不能通过先验知识所预测的。

1.3.3　案例5——计算机 VGA 接口显示异常故障

1. 背景描述

　　案例 4 涉及计算机显示异常故障,在案例 5 中,再谈一个与计算机显示相关的案例。该板卡是基于 COM-Express(下文简称 COMe)计算机模块的集成控制器系统,即制作该模块的载板,并搭载标准 COMe 计算机模块的集成控制器产品。其中该控制器的显示接口包括 VGA 显示接口、DVI 数字显示接口、数字液晶屏显示接口。在该控制器应用中发现,控制器单独连接数字液晶屏显示接口时,较多设备出现显示屏异常闪烁(5s 左右闪烁一次)。

　　因为该设备应用在特殊场景下(不同于批量的消费类电子产品),一次设备生产仅有几十片,且故障现象呈现随机性,三种显示接口和故障相关性不清晰(缺乏现象整理)。

　　另外,接口电路的可靠性受到质疑,其中 VGA 和 DVI 接口采用的柔性电路板,通过柔性印制电路板(Flexible Printed Circuit,FPC)连接器与主板连接。因接口可靠性和信号质量问题,该柔性电路板经过多次调整、改版。

2. 故障排查过程

　　小样本试验且随机地复现故障的情况非常棘手。另外,项目技术交接、接口修改、生产周期等因素,使这个故障潜伏数月之久。直到某一天笔者翻看 COMe 载板的 VGA 接口电路,发现"$R_2 = 75\Omega$"(COMe 载板上一般设计该电阻为 150Ω)。图 1.9 为该控制器的 VGA 接口中 RGB(红、绿、蓝)信号的电路与阻抗控制示意图。

　　原理需要从计算机系统和显示器是如何感知交互讲起。将显示器的 VGA 接口和计算机连接,即显示出图像,计算机系统是如何感知自身已经通过 VGA 接口连接显示器了呢? 可能有人说通过 I^2C 通信接口进行信息交互。事实上,有的 VGA 接口包含 I^2C 通信接口,有的不包含通信接口,仍然可以显示。实际上是通过计算机主机端感知 RGB 电流驱动电阻网络形

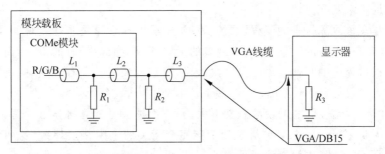

图 1.9　集成控制器 VGA 接口中 RGB 信号的电路及阻抗控制

成的电压信号实现的。

另外，VGA 接口的 RGB 颜色显示是电流信号驱动电阻网络输出电压实现的，RGB 信号电压范围为 0～0.714V，其中 0.714V 为满色。

图 1.9 中，计算机 COMe 模块中的 R、G、B 接口均设置一个 150Ω 的对地电阻，相应地，在 COMe 载板上的对应接口也设置一个 150Ω 的对地电阻，两者并联，即控制器整体的对地电阻为 75Ω。显示器端包含一个 75Ω 的对地电阻。整体链路对地电阻并联后为 37.5Ω。这也是有的布局布线(Layout)规范中要求阻抗约束 $L_1=37.5ohm$、$L_2=50ohm$、$L_3=75ohm$ 的原因。

3. 故障的根本原因

在故障单板中，为何 R_2 设置为 75Ω。因为在最初的设计中，这个控制器使用了第三方的 COMe 模块进行系统集成，其模块内部的电路是不公开的，技术支持人员要求 R_2 设置为 75Ω(或许技术支持人员疏忽了该问题)。

这个结果导致 R_1 与 R_2 的并联电阻偏小。在未连接 VGA 显示器(无 R_3 并联)，而接入其他数字接口显示设备时，计算机的驱动程序支持双屏显示，偏小的并联电阻使计算机误以为接入了 VGA 显示器(事实上未连接设备)，这时计算机就会不时地切换双屏显示，但又未发现 VGA 显示器，再切换回数字显示器……将 R_2 修改为 150Ω 后，不再出现屏幕闪烁故障。

在该故障排查周期中，因为不同模块略有差异，故障现象具有随机性；没有悉心安排试验和整理现象；技术人员没有检测到柔性电路板上 VGA 模拟信号受到干扰的证据，仅仅主观地转移了故障排查的重心。

1.3.4　小结

本节的三个案例，都出现了故障排查相关人员被"先入为主"的意识干扰。读者会发现，按部就班地将故障现象列出，大多主观偏见经受不住逻辑推敲的考验。

1.4　知行合一

笔者在前面讲述了故障排查的简单步骤、故障报告整理、客观思维，基于这些内容就可以进入工程实战了，硬件设计的目标是为了工程产品的实现，笔者从始至终坚持实战，有了基础的方法，就可以从事工程实践，就需要在实践中提升认识。

但是此处插入了一节"务虚"的内容，主要是回答以下几个问题。一是这本书是以讲解故障排查思路、方法为核心主线的，应该如何处理理论知识和故障案例排查的联系；二是讲故障排查的方法论和案例分析，最终的目标是什么；三是工程实践中一些非技术层面的挑战与应对。

1.4.1　故障排查中的思维方法与理论知识

笔者没有采用先划分硬件技术模块，再讲解理论知识，最后列举常见故障和误区，类似查故障"字典"的模式。硬件技术知识非常繁杂，再加上不同行业背景和技术迭代演进的因素，编写这种"字典"是不现实的。另外只把理论知识与故障案例捆绑呈现，只能得到"刻舟求剑"的效果。

相信很多读者有这样的体会，带着很多理论知识从高校毕业，对具体的工程问题没有思路。经过若干年工作历练又走向另一个极端，全凭实践经验工作，基本不考虑技术理论。理论与工程实践脱节。本书通过故障案例排查的形式呈现研发设计流程中的这个关键环节。前面已经讲了几个故障案例，解析这些案例的主线是讲故障分析的思路、通过试验来贯彻思路、解决问题，是故障排查中思考和实际操作的真实过程，目的是使故障排查具有可操作性，但是如果只讲解故障现象与解决方案，最终会陷入"经验论"，成为一种"不可名状"的方法。另一条暗线是讲思路和方法的效力，打出高质量的"三板斧"是需要技术功底的，同样测量故障板卡的电源、时钟，解决问题的实际效果，差异可能非常大。没有扎实的理论知识，方法和技巧都是空谈。

综上所述，思维方法与理论技术需要相互促进。

1.4.2　适应自身的方法

1. 以不变应万变

故障案例的"穷举"是没有前途的，而实际工作的一些做法，例如只叙述故障来龙去脉的项目质量报告、故障复盘总结等,事实上是一种变相的"穷举"。没有讲清楚什么样的客观环境和主观想法使研发人员做出错误的设计操作或正确的排故选择,没有深入挖掘思维中的弱点或误区,这些会议和报告就是应付的形式,下面用《传习录》中的一段对话阐述这个问题。

问:"圣人应变不穷,莫亦是预先讲求否"。先生曰:"如何讲求得许多。圣人之心如明镜。只是一个明,则随感而应,无物不照……是知圣人遇此时,方有此事。只怕镜不明,不怕物来不能照。"

这段话的大概意思是学生陆澄问阳明先生"圣人能够遇事随机应变,是不是预先都研究过",阳明先生回答"怎么可能预先研究过那么多"。并讲了一个通俗比喻,圣人的心就像镜子,照过的东西不会一直留在镜子里,没有照过的东西也不会在镜子里预先存在。照镜子就怕镜子不明亮。学者需要下的功夫是把镜子擦亮。

落到本书的主题——硬件技术,"擦亮镜子"的功夫是什么呢。笔者认为第一是专业基础理论,大学二、三年级的基础课程是以不变应万变的最佳切入,可能有一些读者已经是研究生学历了,笔者仍认为有必要时常复习基础理论。在工作实践中时常回看课本,思考理论与实践如何相互印证,清楚来龙去脉,效果会非常好。相反的情况是工作中只知道流程,称其为"经验",原理不琢磨,差不多就行。那心中这面镜子就是昏暗的,对不知道为何对,错也不知道为何错。案例内容是记住了,但是案例是不可能穷尽的,"经验"越来越丰富,本质上没有提高。

第二是形成自己的方法,并不断通过实践去修正。这个过程需要"抽象",具体的步骤越简单,适用的领域则越广泛,方法越有效,从而形成镜子。下面继续讲适用自身的方法。

2. 形成适用自身的方法

故障案例贯穿全书始终,笔者希望通过这些案例的讲解,读者形成适合自己的一套方法论,再用自己的方法写复盘文章。学以润身,本质是要提升自己,形成适合自身的风格和打法。

其次,若个人的方法论与认识论尚未成型,可通过案例实战理解理论知识,本书最后参考文献中包含很多教材,读者可以配合阅读。

最后,若将本书的案例作为一本对照排故的手册,那用法就错了。研发设计中的故障排查是设计的一个环节,设计流程中的故障是开放的、发散的,不可能穷尽,研发过程中的故障排查与解决,是原型机到产品的蜕变过程。这不同于生产流程中的产品故障诊断,可以封闭一个收敛的故障集合,并依据检测标准来约束良品率指标。

同时,在工程实战中,一个故障现象的细节差异可能导致截然不同的结果。笔者在工程项目中拒绝以"曾经某项目的某问题"去"套"目前的问题。方法或经验必须是案例的抽象,通过案例实践形成适合自己的整套思维方法,才是可用的。

在《传习录》中有这样一段文字,一友问:"读书不记得,如何?"先生曰:"只要晓得,如何要记得?要晓得已是落第二义了,只要明得自家本体。若徒要记得,便不晓得;若徒要晓得,便明不得自家的本体。"

记住案例故事,学习理论知识,形成个人的方法论,即"记住""晓得""明得自家本体"这三层意思。阳明先生讲,第一等是明白自己、读到自己。案例也好,知识也罢,最终目标都是形成适合自己的有效打法,知行合一。

1.4.3 非技术层面的困扰

初步形成了一套故障排查的工程实践方法后,接受实践检验的过程中就会面临挑战,宏观来讲,挑战主要可以分为两方面,有时个人的思路被客观条件所限制,有时个人认定的思路被试验结果否定,瞬间没有思路。这些都是故障排查中必经的挑战。

1. 不理想的试验条件

有时现场的状况和条件是复杂而苛刻的。并不是想测到什么信号,想看到什么结果,就能出现在你面前,等你分析。有时候协调一台测试仪器都是困难的。另一方面,一个行业的产业链分工不同,看待问题的角度和思路也有很大差异,实验室的研发人员来到生产线、加工厂,就能理解如果在生产流程中添加调试项(debug),会遭到工厂的强烈抵制。

没有条件怎么解决问题?

这是一个伪命题,没有解决问题又如何知道条件是否满足。所以先不要着急下结论,试验条件有限,就着手创造条件;没有试验环境,就思考或讨论。正视故障和问题可以帮助你放下消极负面的情绪,把故障排查工作带入正轨。

另外,研发人员尽可能将故障排查(属于研发过程)约束在熟悉的研发、测试实验室环境和自己可以掌控的流程中。当你觉得上述环境不足以排查故障,需要协调产业链上下游的资源时,要准备好面对不确定因素和未知流程造成的障碍。

2. 试验方案的重建

先解释一下标题的含义。故障排查过程中,经常会遇到如下情况:对故障进行了分析,思考得出测试方法甚至解决方法,准备着手调试和验证了。一般地,在验证结果之前,个人感觉常常是"思路正确,各个角度看,都非常合理……"。但是试验结果否定了论证假设,否定了之前全情投入的故障排查和解决方案,顿时会出现一个思维真空区,完全没有思路,从信心满满走向另一个极端。

这是一种正常的现象,因为如果自己都不能肯定"思考得出的试验方案和解决思路",或者自己认为不正确、可能性不大,也就没有积极测试验证的动力了。所以,这种"全情投入"一定是自己觉得大概率能够解决问题。

针对上述状态,建议先仔细梳理、检查一下验证过程,避免因验证操作偏差而前功尽弃。另外,验证过程与预想方案的差异很可能是再次发起故障排查的切入点,这是故障排查过程中的复盘。

如果核查了试验操作过程无误,确认故障排查方案已经失败,出现思维真空、情绪崩溃。此时,故障排查成员间需要相互提醒,先放松、转移一下注意力。因为思路已经僵化在错误的方案之中,需要控制一下思绪,此时非常容易钻牛角尖。复盘工作不妨冷静之后再执行。

读者可能质疑"此时压力特别大,怎么可能说放松就放松"。所以笔者建议成员间相互照应,转移注意力,控制情绪。当然,如果是单兵作战,那只能自己寻找适合的调节方式了。

笔者曾在同一个故障案例排查过程中,连续、反复地"思路真空",从"怎么想怎么有道理"到"大脑一片空白"。这时候应先把情绪修正,再谈技术。

1.4.4　故障排查的执行力

本书很长的篇幅都在讲思路、讲方法、讲技术本身。如果故障排查的试验思路和方案,与你个人对故障情况的理解不一致,且试验还需要你执行,该如何做?

更进一步来讲,你向项目组反馈了自己的见解,但是没有得到采纳,执行方案仍然与你个人想法相左,该如何做?

这种情况下,笔者的思路是暂时放弃个人想法,抛开对错,服从组织,完整执行项目组的试验安排。而且是发自内心的、不带个人情绪地坚决执行。原因由一次拓展经历说起。

拓展培训中一些游戏项目给笔者带来了很多启发。其中有这样一个游戏:

一个大约15人左右的小队,游戏进行前,队员都带上了眼罩,游戏全程"盲"操作。地上放置了3条不等长的绳子,绳子不可打结,要求以绳为边,摆出一个面积最大的正方形。

　　拓展机会不多,对大多的游戏项目是没有"实战"经历的,大家也没有什么"充分讨论",一拥而上就开始执行(玩)了。过程如下,我们先找到 3 条绳子的端,让 3 名队员双手牢牢攥住,然后向外撑起了一个圆,面积大约有 $5m^2$,笔者用臂展估算了距离,大致确定了直角,并由 4 位队员控制直角,最后调整修正一下四边长度。大约 10min 后正方形成型。上述实现的步骤如图 1.10 所示。

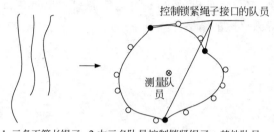

控制锁紧绳子接口的队员

测量队员

1. 三条不等长绳子　2. 由三名队员控制锁紧绳子;其他队员均匀分布,向外拉伸绳子呈圆形

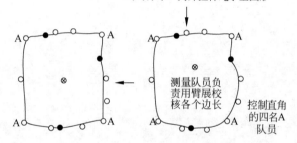

测量队员负责用臂展校核各个边长

控制直角的四名A队员

4. 初步实现目标并修正　3. 三名队员专职控制锁紧绳子,四名队员专职控制直角;测量队员指挥A队员移动

图 1.10　绳子形成正方形的流程

　　因为项目完成较快,在剩余时间指导老师让我们总结得失,此时大家觉得方法不好,应该一字排开形成直线,然后对折,再 1/4 折……讨论过程中,笔者没有发言,因为执行过程的"傻主意"是由笔者指挥的,没有必要再解释。事后,笔者看法是这样的:

　　游戏中匆忙执行的方法,是在实践中找方法、调整。事后看不是一个好算法,但是队员们的执行力非常强,控制住了要点:三名队员锁紧绳端,四名队员控制直角。思路虽然粗糙,但结果没有问题。

　　相反,若思路很好,而队员不够团结,各自为战,或者执行成本高,队伍指挥执行能力不足,都无法完成项目,结果必败。

　　故障排查试验中,个人视野是相对有限的,即使胸有韬略,但限于角色,可能不知项目或产品全貌。所以经过项目组充分讨论的试验方案(这个讨论可能并不为你所知),执行起来不要犹豫。即使个人认为这是错误的试验动作,也要不带负面情绪地坚决、完整地执行。

　　当然,项目组的决议可能就是失败的,那就勇敢承认组织的能力不够,重新来过。

　　遵守纪律的失败是完全可以接受的。纪律不是胜利的保证,是提升胜利概率的保证。反之,形成了决议,而组织各要素成员执行不能统一,正确的决议也会导致必败的结果。

第2章

时钟电路的设计与应用

时钟电路是数字电路设计的核心模块之一,电路与系统中复杂的计算机主板、通信单板、基带主板大多为同步时序的电路系统。

本章将讲解 4 个时钟应用案例,其中 2.1 节中的晶体/晶振和 2.2 节中的锁相环是常见的时钟源。在常见的时钟接口电路中,研究的核心问题是 LVDS(Low Voltage Differential Signal,低电压差分信号)、LVPECL(Low Voltage Positive Emitter Couple Logic,低电压正射极耦合逻辑)、CML (Current Mode Logic,电流模式逻辑)等电平的参数匹配,其参数主要包含差模电平(Differential Mode Voltage)、共模电平(Common Mode Voltage)、上升/下降时间(T_r/T_f)等,2.3 节讲述时钟传输路径的案例。处理器性能的提升对通信总线速率提出需求,并行总线受限于线路串扰等瓶颈因素,被高速串行总线所代替。源同步时钟和共同时钟是串行总线时钟的两种常见形式。2.4 节的应用案例,讲解"建立/保持"时间的计算,这是共同时钟拓扑的核心问题。

2.1 案例6——锁相环(PLL)输出时钟频率偏差超出额定值

理想的时钟、频率或者周期是一个常数;而在实际的应用场景中,频率和周期是时间的函数 $f(t)$,晶体需要匹配电路才能够输出,晶体和外围电路的参数都是包含误差的。温度和时间等变化对电气参数也会存在影响。晶体或晶振应用中,还需关注标称频率、频率容差、负载电容值、寄生电容值、时漂、温漂、工作温度等参数和细节。

2.1.1 项目背景及故障描述

本案例中,单板电路设计应用一款包含多路输出、多频点时钟的锁相环(Phase Locked Loop,下文简称 PLL)。该时钟芯片 PLL 输出 8 路不同频点的时钟,图 2.1 是该 PLL 电路框图。

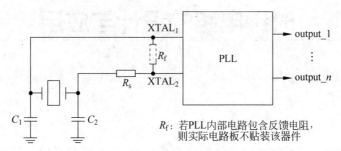

R_f:若PLL内部电路包含反馈电阻,则实际电路板不贴装该器件

图 2.1　PLL 电路框图

该 PLL 采用外部晶体作为本地时钟(本振),输出多路、不同频率的时钟。电容 C_1、C_2 作为匹配晶体的起振电容,图 2.1 中的 XTAL$_1$ 与 XTAL$_2$ 引脚间保留反馈电阻的位置 R_f(一般为 MΩ 级,该 PLL 内部已包含反馈,因此图 2.1 中 R_f 不贴装),端接 R_s 电阻防止时钟对晶体产生电流过驱动。这是一个非常经典的时钟晶体电路连接原理图。

测试过程中发现,多片单板的输出时钟(output_1~output_n)频率普遍偏慢,并超出设计的额定参数范围。

2.1.2 故障分析思路

本案例中 PLL 输出频率异常,时钟电路模块仅包含晶体电路和 PLL 电路两部分,因此可以从这两个角度切入。一方面思考 PLL 固件参数配置是否存在失误,另一方面思考本振晶体相关的参数是否存在异常,下面对这两方面进行验证。

1. 关于锁相环(PLL)的固件配置

目前计算机或通信单板中部分 PLL 芯片的参数配置是驳杂的,包含分频、倍频、环路滤波器带宽、增益系数等锁相环相关参数;还包含参考时钟源及参数的选择、驱动电平、输出路由等配置。

PLL 厂商通常提供图形用户界面(Graphical User Interface,GUI)配置工具,能够方便地生成配置参数固件。值得注意的是,图形化界面是常规的 PLL 功能参数,而完整固件的部分参数可能未在图形化配置流程中体现,用户关注的部分参数仍需要深入研读寄存器手册,并与 PLL 厂商做技术沟通。故本案例需要对 PLL 的配置固件参数予以核准。

2. 关于晶体的参数

晶体输出频率包含精度范围,例如本案例中,晶体频率容差为±20ppm,另外晶体振荡频率参数也和时间、温度等相关联。

时钟源精度会对 PLL 的输出时钟精度造成影响,故本案例亦需对本振的频率精度进行测量。

2.1.3 故障排查及原理分析

1. 排查与分析

本案例中,首先检查 PLL 的常规配置参数,未见异常。

通常情况下,若常规的 PLL 分频、倍频、输入源、输出电平、路由等参数出现错误,则影响较大,而非微小的频率偏差。其次,测量本批次单板时钟晶体的频率,标称频率输出正常,其频率偏差符合额定范围±20ppm,并未出现一致偏慢(频偏为负)的情况。

2. 故障原因

多片单板的时钟频率普遍偏慢的现象是故障排查的重要切入点。思考该时钟电路模块中哪些参数可能引发频率偏慢,在前文的论述中,已经排查了 PLL 参数配置和晶体标称频率参数。在剩余参数中还存在一个影响晶体频率偏差的参数——晶体的负载电容 C_L,这是晶体的固有参数,晶体的振荡频率偏差与晶体电路的负载电容值存在关系(这个关系是非线性的)。晶体实际带载的负载电容等于其额定值时,发生频率偏差最小。实际带载电容较小时,频率偏快;带载电容较大时,频率会偏慢,其定性趋势如图 2.2 所示。

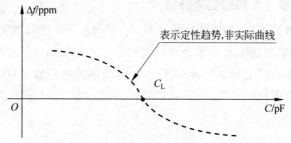

配置负载电容小于晶体额定值C_L,频率偏快,反之偏慢

图 2.2 晶体负载电容与频率偏差的关系

在案例中,晶体的负载电容是如何发生偏差的呢? 经分析,发现是晶体电路匹配电容出现错误。图 2.3 所示为晶体外部电路与 PLL 内部电路组合,为 PLL 提供本振时钟的电路框图。

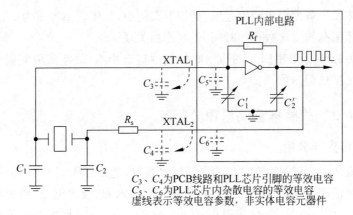

C_3、C_4为PCB线路和PLL芯片引脚的等效电容
C_5、C_6为PLL芯片内杂散电容的等效电容
虚线表示等效电容参数,非实体电容元器件

图 2.3　晶体与 PLL 原理框图

其中 C_1、C_2 为晶体起振的匹配电容。

C_3、C_4 视作 PCB 线路和 PLL 芯片引脚的等效电容,例如 1in 的 PCB 线路等效成 2.5～3.5pF 容值的电容。芯片引脚也存在容性效应,根据芯片封装的差异,引脚存在几皮法的容性效应。

C_5、C_6 视作 PLL 芯片内部的杂散电容,该电气参数需要查看芯片手册,一般存在几皮法的容值。

C_1' 和 C_2' 是本案例中锁相环的可选或可调配置。芯片内部电路包含两个可调电容,可替代外部匹配电容 C_1、C_2。

本案例中,因 C_1、C_2 与 C_1'、C_2' 的重复配置,晶体的负载电容增加,最终导致 PLL 输出频率偏慢。

3. 故障根本原因的定量分析

在本案例设计中,晶体的负载电容 C_L 应满足: 晶体两端电容分别并联后再串联,并添加晶体本身等效寄生电容 C_{shunt} 的总和。一般的设计中,尽可能保持晶体两端电容的对称一致(例如两端匹配电容值一致,PCB 走线对称一致),可以假设:

$$C_1 = C_2$$
$$C_3 = C_4$$
$$C_5 = C_6$$

因此,$(C_1 \parallel C_3 \parallel C_5)$ 与 $(C_2 \parallel C_4 \parallel C_6)$ 串联的电容值为 $(C_1 \parallel C_3 \parallel$

$C_5)/2$,满足

$$C_L = (C_1 \parallel C_3 \parallel C_5)/2 + C_{shunt}$$

本案例中晶体 $C_L = 18\text{pF}$,$C_{shunt} = 5\text{pF}$,PCB 布线和芯片引脚的等效电容 C_3 约为 3pF,芯片内杂散电容 C_5 经查找芯片手册确认约为 2.7pF,故计算得出晶体匹配电容 C_1 约为 20pF,常规的配置 $18\sim22\text{pF}$ 的起振电容是符合设计要求的。

由于电路设计人员与芯片厂商固件配置人员的沟通误会,芯片内部将 C_1'、C_2' 的可变电容配置为 18pF,以代替晶体外部匹配电容,而硬件设计人员同时将外部电路电容 C_1、C_2 计入物料清单(Bill of Material,BOM),这样晶体的实际带载电容增至:

$$C_L' = (C_1 \parallel C_3 \parallel C_5 \parallel C_1')/2 + C_{shunt}$$

C_L' 增加约 9pF,锁相环输入时钟普遍变慢,最终导致锁相环输出频率普遍偏慢。

拆除外部匹配电容 C_1、C_2 后,故障消除。

2.2   案例7——时钟锁定速度优化导致系统误码率提升

时钟电路在复杂硬件单板中不可或缺,诸多处理器芯片或桥芯片内部包含复杂的时钟树。外置的锁相环电路(PLL 时钟芯片)是数字电路单板常见的电路模块,也是复杂硬件单板的时钟电路设计核心。

锁相环电路的基本模块包括:鉴频/鉴相器、压控振荡器、环路滤波器,掌握其常用的参数配置和目标参数关系,是锁相环在板级电路应用的基础,硬件工程师需要清晰理解基本原理和参数的定性趋势。例如锁相环环路带宽越小,则鉴相器的高频成分被抑制得越多;锁相环的相位噪声被限制,杂散也会被限制,但是是以牺牲锁相环锁定速度为代价的,等等。

下面通过一个案例的参数调整,初步介绍两种常见的锁相环:Ⅰ型锁相环和Ⅱ型锁相环,以及锁相环的环路相关参数与系统特性的联系。

2.2.1   项目背景及故障描述

本案例中的故障出现在一款通信单板的数据流模块中,通信业务的数据通过光纤输入、输出光模块,经过电口 SerDes(Serializer 串化器,Deserializer 解串器)输入、输出 Framer(成帧器),如图 2.4 所示。

在通信业务中,包含主、备业务通路,要求业务中断 50ms 内能够予以恢复。因为 50ms 是留给光、电系统的总时间,所以去除拔、插光纤 Rx 端的操

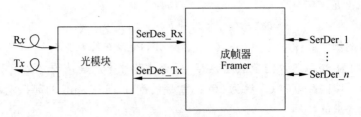

图 2.4　单板数据流框图

作时间,Framer 需要在尽可能短的时间内完成业务恢复。

　　配置成帧器时钟数据恢复(Clock Data Recovery,CDR)参数的固件时,增大了 CDR 的环路带宽,以满足系统业务的恢复时间。但是发现数据的误码率提升,超出限值。

2.2.2　故障分析思路

　　本案例是典型的时钟恢复电路参数相互制约关系平衡的问题,数据流的速率在一定范围变化,数据接收端的 CDR 单元恢复出与数据速率匹配的时钟,并作为接收与发送逻辑和 FIFO(First In First Out,先进先出,此处指此类缓存空间)的参考时钟,实现收、发端数据速率同步。

　　上述收、发数据流同步的基本思想是:若接收数据速率加快(减慢),CDR 解算时钟频率相应提升(降低),以此调整数据输入、输出 FIFO 的时钟频率,保障 FIFO 不会溢出并同数据流收发同步,其数据流框图如图 2.5 所示。

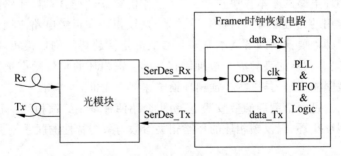

图 2.5　单板数据流框图

　　CDR 结构是基于锁相环技术的电路模块,调试 CDR 的环路带宽等参数,实际上是研究和调试锁相环的参数配置。

　　环路带宽是锁相环的重要参数,除了影响案例所关注的锁定速度和抖动两个参数,同时也影响环路稳定性、杂散、相位噪声等参数,而且上述参数间还存在着制约关系。

2.2.3 故障排查及原理分析

一般情况下,对于 PLL 专用芯片或模块,上游厂商会提供相应的支持和仿真工具。

相应地,对于专用芯片中的 CDR 或 PLL,属于芯片内部的模块。上游厂商会综合考量设备厂商的能力,部分地开放可调参数,对于芯片设计细节的公开程度是有限的。芯片厂商提供的固件版本是"黑盒"状态,只能通过有限的可调参数窥探芯片参数与系统目标状态的趋势。可调参数与系统的定性趋势是解决问题的关键。

下面先介绍锁相环技术原理,通过自动控制系统理论和Ⅰ型锁相环讲解锁相环参数对系统的影响。再介绍更复杂的Ⅱ型锁相环参数及系统特征,Ⅱ型锁相环模型与本案例中所述的实际系统更接近,再回到案例中研究与环路带宽相关的可调整和优化的参数。

事实上,关注锁相环快速锁定、相位噪声等参数之前,需理解锁相环是一种相位反馈的闭环控制系统。从控制理论角度,首先还要研究其稳定性和瞬态响应,这是控制理论的基础问题。

1. Ⅰ型锁相环

Ⅰ型锁相环传递函数框图如图 2.6 所示,这是一种基础的锁相环框架,包含鉴相器(增益 K_{PD})、低通滤波器(简单分析一阶滤波环节,转折频率为 ω_{LPF})、压控振荡器(增益 K_{VCO},并且包含一个极点),因该系统的开环传递函数中包含一个位于复平面原点处的极点,故称为Ⅰ型锁相环。

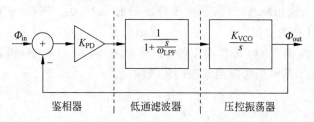

图 2.6 锁相环(PLL)原理与传递函数方框图

下面分析这个系统的锁定速度、相位噪声抑制等参数。
系统的开环传递函数为

$$H(s) = \frac{\Phi_{out}}{\Phi_{in}}(s) = K_{PD}\left(\frac{1}{1+\dfrac{s}{\omega_{LPF}}}\right)\left(\frac{K_{VCO}}{s}\right)$$

其闭环传递函数为

$$G(s) = \frac{H(s)}{1+H(s)} = \frac{K_{PD}K_{VCO}}{\dfrac{s^2}{\omega_{LPF}} + s + K_{PD}K_{VCO}}$$

化为"首一形式",其闭环传递函数为

$$G(s) = \frac{\omega_n^2}{s^2 + 2\zeta\omega_n s + \omega_n^2} = \frac{K_{PD}K_{VCO}\omega_{LPF}}{s^2 + \omega_{LPF}s + K_{PD}K_{VCO}\omega_{LPF}}$$

其中阻尼系数为

$$\zeta = \frac{1}{2}\sqrt{\frac{\omega_{LPF}}{K_{PD}K_{VCO}}}$$

固有频率为

$$\omega_n = \sqrt{K_{PD}K_{VCO}\omega_{LPF}}$$

对于工程实践,关注运用经典控制理论原理(时域、频域分析)如何调整参数并改变物理系统实体,以及参数所对应的物理意义。

阻尼系数 ζ,数学意义上影响的是极点 s 是否有实数解,如下式所示:

$$s_{1,2} = -\zeta\omega_n \pm \sqrt{(\zeta^2-1)\omega_n^2}$$

若 $\zeta > 1$,两个极点均为实数解;若 $0 < \zeta < 1$,两个极点均为复数解。它的直观物理表现是,输出角频率 ω_{out} 将以何种形态去跟踪输入 ω_{in} 的信号。

固有频率 ω_n 的物理意义在于输入信号的频率变化 $\Delta\omega < \omega_n^2$ 时,锁相环才能够被锁定。

(1) I 型锁相环的阶跃响应。

ω_{in} 输入锁相环系统后,在系统稳定的前提下,ω_{out} 需要"一段时间"趋向 ω_{in},$\zeta > 1$ 称为过阻尼状态,不会出现超调量;$0 < \zeta < 1$ 称为欠阻尼状态,输出将以"振荡"的形式趋向于输入,而 $\zeta(0 < \zeta < 1)$ 越小,振荡越剧烈。图 2.7 描述了系统两种阻尼状态的阶跃响应。

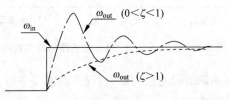

图 2.7　系统中两种阻尼状态的阶跃响应

当 $0 < \zeta < 1$ 时,$e^{-\zeta\omega_n t}$ 表示 ω_{out} 趋向于 ω_{in} 的包络线,如图 2.8 所示为欠阻尼条件下系统的阶跃响应和包络线关系。

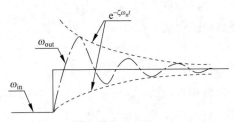

图 2.8　欠阻尼系统的阶跃响应与包络线

在控制理论中，$\mathrm{e}^{-\zeta\omega_n t}$ 称为运动系统的模态，对应系统趋于稳定状态的速度。

对于 I 型锁相环系统，有

$$\zeta\omega_n = \frac{1}{2}\omega_{\mathrm{LPF}}$$

即低通滤波器的带宽越窄，越需要更长的时间趋于稳态。

（2）增益 K_{PD}、K_{VCO} 与瞬态响应。

可以运用根轨迹方法，通过研究已知的开环传递函数 $H(s)$ 的零点、极点，分析闭环系统的稳定性。根轨迹方法绘制的是开环增益变化过程（$K\rightarrow\infty$）的闭环特征方程根曲线，随着 $K_{\mathrm{PD}}K_{\mathrm{VCO}}$ 的增加，根轨迹远离实轴，系统的稳定性也变差。如图 2.9 所示为 I 型锁相环的根轨迹图。

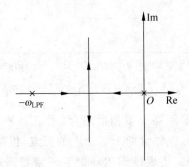

图 2.9　I 型锁相环的根轨迹图

从系统的相位误差角度看，$H_{\mathrm{error}}(s) = \dfrac{\Phi_{\mathrm{in}} - \Phi_{\mathrm{out}}}{\Phi_{\mathrm{in}}}(s)$

系统的开环传递函数为

$$H(s) = \frac{\Phi_{\mathrm{out}}}{\Phi_{\mathrm{in}}}(s) = K_{\mathrm{PD}}\left(\frac{1}{1 + \dfrac{s}{\omega_{\mathrm{LPF}}}}\right)\left(\frac{K_{\mathrm{VCO}}}{s}\right)$$

得到

$$H_{\text{error}}(s) = 1 - H(s)$$

该误差函数的阶跃响应为

$$\Phi_{\text{error}} = H_{\text{error}}(s)\frac{\Delta\omega}{s^2}$$

并由终值定理得到相位误差

$$\Phi_{\text{error}} = \frac{\Delta\omega}{K_{\text{PD}} K_{\text{VCO}}}$$

上述相位误差公式可以表征输出对输入的相位差,开环传递函数的增益越大,相位差越小,输出时钟与输入时钟信号间的延迟越小。

2. Ⅱ型锁相环

Ⅰ型锁相环是开环传递函数中包含一个处于原点的极点,参考Ⅰ型锁相环的根轨迹图,其缺陷在于较窄的频率锁定范围,即当 $\omega_{\text{out}} - \omega_{\text{in}}$ 超出一定值后,锁相环会失锁。

Ⅱ型锁相环是指开环传递函数中包含两个处于原点的极点,电荷泵锁相环是典型的实现方式,系统的传递函数框图如图 2.10 所示。

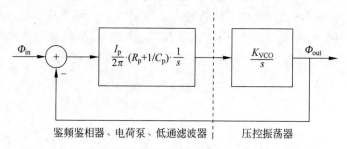

图 2.10 基于电荷泵的Ⅱ型锁相环传递函数框图

Ⅱ型锁相环采用鉴频器与鉴相器组合,理论上是一种无相位差的锁相环。如果开环传递函数仅包含两个虚轴上的极点,根据奈奎斯特(Nyquist)定理,系统是不稳定的。实现该锁相环稳定还需要添加一个零点 $Z = -1/(R_{\text{p}}C_{\text{p}})$。

通过图 2.10 的传递函数框图,可以得到Ⅱ型锁相环的相位传递函数、噪声传递函数、阻尼系数、固有频率等相关参数。

其闭环传递函数为

$$G(s) = \frac{2\zeta\omega_{\text{n}}s + \omega_{\text{n}}^2}{s^2 + 2\zeta\omega_{\text{n}}s + \omega_{\text{n}}^2}$$

这个二阶函数的形式非常重要,对应高增益环路的锁相环,均可以近似等效为该形式。其鉴频鉴相器的环节增益 $K_d \propto I_p$。另外，$\zeta\omega_n = \dfrac{R_p I_p K_{VCO}}{4\pi}$。
该锁相环的根轨迹图如图 2.11 所示。

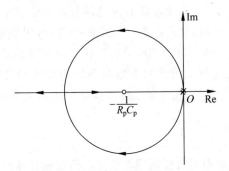

图 2.11　Ⅱ型锁相环的根轨迹图

3．关于锁相环的锁定速度和相位噪声

锁相环的锁定时间是指锁相环工作在锁定范围（锁相环的工作范围）
内，输出频率与参考频率达到锁定状态的时间。前文所述两种锁相环的锁
定时间为：

$$T_L \approx \frac{2\pi}{\omega_n}$$

相位噪声是频域的概念，使用功率谱进行量化表征（与之对应的，抖动
是时域的概念），输出频率的相位噪声不但同锁相环本身的噪声带宽相关，
还与输入端信号的噪声特征有关。当然，如果锁相环的噪声带宽较小时，一
定会限制总的频率输出噪声。锁相环的噪声带宽为：

$$B_L = \frac{\omega_n}{2}\left(\zeta + \frac{1}{4\zeta}\right)$$

在二阶系统中，当 $\zeta = 0.5$ 时，B_L 取得最小值，当 $\zeta = 0.707$（最优阻尼系
数）时，B_L 的参数可以接受。

从公式可以看出，锁定时间和 ω_n 成反比，相位噪声和 ω_n 成正比。

4．本案例的参数调整与探讨

在本故障案例中，最初调整了 CDR 的环路带宽。系统的输入信号含有
相位抖动，相位频率响应函数的作用类似于一个低通滤波器，若抑制（减小）
输出信号的相位抖动，需要尽可能减小环路带宽 B_L，带外的噪声就会被抑
制。但是从上面的公式中可以看出，B_L 足够小意味着减小 ω_n，这样会增加
系统的锁定时间 T_L。另一方面，增大锁相环的环路增益一般情况下会提高

系统的固有频率 ω_n，同时会增加输出信号的抖动并提升锁相环的锁定速度。

鉴于锁相环的鉴相器和环路滤波器的构造差异，例如一阶环路滤波器就包括无源超前滞后滤波器、有源超前滞后滤波器、有源比例积分滤波器，还有更高阶的滤波器，这些滤波器的传递函数和参数都不同，上游厂商并不公开这些电路模块结构，仅会提高几个可调的参数，例如鉴相器增益 K_d、压控振荡器增益 K_{VCO}、环路带宽等，同时这些参数寄存器是数字化的，即一些标准的"档位"。通过前文所述的参数与系统响应的趋势，将可调参数列表显示，调试出最优组合，实现锁定速度和抖动（jitter）的平衡。

2.2.4　小结

（1）本节通过运用经典控制理论的方法研究锁相环的响应速度、稳定性等参数。

（2）频域分析方法中，定量分析锁相环系统性能参数与二阶系统传递函数的增益、阻尼系数、固有频率参量，并给出锁相环与传递函数参数对应的物理意义。

（3）根轨迹分析是通过已知开环传递函数的零点和极点，研究系统闭环特征方程（根）的方法。若特征根处于负实部半平面，则系统处于稳定状态。开环系统的特征根离虚轴越远，闭环系统的稳定性越强，特征根离实轴越远，响应速度越快。定性趋势如图 2.12 所示。

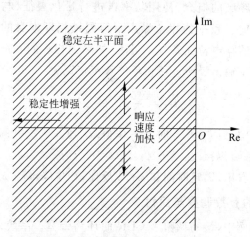

图 2.12　根轨迹图与闭环系统稳定性特征

（4）熟悉锁相环环路带宽参数与锁定速度和输出抖动（jitter）的定性趋势，以及影响环路带宽的可调参数，利用可以配置的资源对系统进行优化。

2.3 案例8——交流耦合电容误用致芯片输入时钟异常

时钟接口电路研究的是时钟源、传输路径、接收端三者的参数匹配问题,常见的 LVDS、LVPECL、CML、HCSL 等标准电平接口相互匹配的应用,即是研究参数匹配。源、媒介、接收是时钟接口电路故障排查的三要素。

在电路设计中,电容耦合是数字电路接口设计的常见形式。"隔直通交",其耦合方式非常简洁。"简洁"并不代表"简单",深入理解耦合接口的输出(驱动端)和输入(接收端)电路,以及传输信号的总线特征,是正确应用交流耦合的前提。

随意使用"交流耦合"而不清楚电平参数的匹配,故障随时会发生。

2.3.1 项目背景及故障描述

本案例中,采用 PLL 电路为 FPGA(Field Programmable Gate Array,现场可编程门阵列)芯片提供 100MHz 差分时钟,其中 PLL 输出时钟电平为 LVDS18,FPGA 的 I/O bank 电平为 1.8V,两者电压匹配。

在电路设计中,PLL 输出端使用两个交流耦合电容,线路差分阻抗 $Z=100$ohm,FPGA 输入端保留一个 100Ω 端接电阻位置(FPGA 内部配置 100Ω 端接)电阻,系统框架如图 2.13 所示。

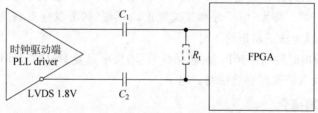

R_t: 若FPGA内部电路配置端接电阻, 则实际电路板不贴装该软件

图 2.13 锁相环(PLL)与 FPGA 时钟框图

实际应用中发现,FPGA 工作异常,经过 FPGA 固件工程师检测反馈:FPGA 无输入时钟。

2.3.2 故障分析思路

对于目标芯片未正常获得时钟的问题,板级硬件的检查可由三方面(源、媒介、接收)开展:

（1）PLL 驱动端是否正确配置，包括输出时钟的频率、电平标准、路由引脚、阻抗控制等。

（2）驱动端至接收端的线路是否良好，包括线路的连通性和阻抗控制的正确性。

（3）接收端是否配置正确，包括接收端时钟引脚、端接、芯片内部时钟路由选择等。

检查时钟信号传输的三要素覆盖了整个时钟传输链路，下面进行详细讲解。

1. 驱动端

（1）首先，确定时钟的频率是否符合设计，频率受到配置参数的影响。例如 PLL 的时钟源、分频、倍频参数等。PLL 输出时钟频率错误，可能影响其目标电路模块的正常工作。另外下面所述情况也可能表现为接收端无时钟输入，即接收端将输入时钟的频率约束在一定的通带范围，对超出频率范围的时钟滤波，此时固件工程师读取芯片状态为无时钟输入。

（2）其次，要确定时钟的电平状态。许多 PLL 输出配置非常灵活，可配置单端或差分输出，一组单端输出时钟可以配置相对的相位关系；差分输出可以配置 LVDS、LVPECL、CML 等不同电平标准，此时输出信号差模、共模电平范围等都需要予以核对。例如同一种芯片可能支持不同的电平标准（注意芯片型号信息中尾缀的差异）。

（3）输出时钟路由是否存在错误。许多 PLL 输出端包含可灵活配置路由的交叉开关。频率、电平等参数配置正确，但是如果没有正确地路由到目标引脚，仍然无法正确地输出时钟。

（4）输出时钟的阻抗匹配，包括线路、端接电阻等参数的正确匹配，以便能够在接收端获取到有效的时钟电平。

2. 传输媒介

（1）接口电路的阻值、容值配置是否正确。

（2）器件是否被损坏而导致链路中断（例如交流耦合的电容断裂而导致链路中断）。

（3）传输链路的阻抗是否符合设计目标。

（4）线路传输路径是否合理。例如板上时钟集中于某 PLL 输出，或需要对多路时钟的走线路径做出妥协，甚至拆分时钟源。对于单端且频率较高的时钟信号，PCB 板走线不宜过长。一方面的原因是时钟的高频谱分量受到线路低通特性而衰减，另一方面的原因是时钟作为一种辐射源也会影响其他模块。

3. 接收端

（1）接收时钟的引脚是否被正常使用（例如检查接收端的固件配置，是否将时钟接入到其他引脚或模块应用）。

（2）接收端是否需要并正确配置端接。

（3）接收端差模、共模条件与源端输出的参数配置是否匹配。

2.3.3　故障排查及原理分析

1. 检查步骤

本案例中，首先对交流耦合电容上靠近 FPGA 端（接收端）进行测量，发现能够测量到输出时钟，频率正确，证明源端 PLL 配置是正常的。

其次对目标芯片 FPGA 固件配置进行检查，发现端接已正确匹配，接收端目标引脚正确，但是目标 IP 无法得到输入时钟。

2. 故障原因

检查接收端电气参数要求，发现故障原因为该时钟未满足 FPGA 芯片的时钟输入共模电平参数。

芯片包含多种 I/O 接口类型，此 I/O 接口区域的时钟（clock）引脚内部不提供共模电平（配置），芯片要求时钟的共模电平 V_{CM} 最小值为 200mV。使用交流耦合方式后，时钟在 FPGA 输入端的共模电平已置为 0，导致 FPGA 输入时钟工作异常。

3. 典型的配置共模电平方案

图 2.14 为时钟链路配置并联端接电路图，根据共模电平的定义，通过并联端接电阻配置共模电平。

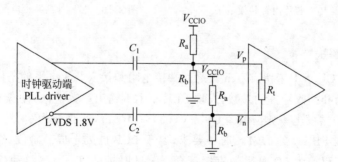

图 2.14　并联端接电路图

例如本例 I/O Bank 的电压为 1.8V，输入时钟共模电平的典型值为 1.2V、最小值为 200mV。线路差分阻抗为 100ohm，即

$$(V_p + V_n)/2 = 1.2V$$

计算并联端接电阻，R_a、R_b 满足下列算式：

$$V_p = V_n = 1.8 \times [R_b/(R_a + R_b)]$$

R_a 与 R_b 分压即为 V_p、V_n 的电压。

$$R_a \parallel R_b = 50\Omega$$

R_a 与 R_b 的并联端接电阻为 50Ω（线路差分阻抗为 100ohm）。

经计算，

$$R_a = 75\Omega$$

$$R_b = 150\Omega$$

采用并联端接方法可以解决共模电平匹配未满足的问题，但是已经生产的 PCB 板上并未留有并联端接电阻的位置，需要进一步思考是否有其他的解决方案。

图 2.15 是一种芯片内部提供共模偏置的 LVDS 输入端，采用两个 50Ω 电阻串联并提供共模电平。

对于外置端接电阻并提供共模电平的电路，可以采用图 2.16 的方式，V_p 与 V_n 间连接两个 49.9Ω 的电阻，共模电平 1.2V；同时共模电平接入点连接一个对地电容，滤除共模干扰。

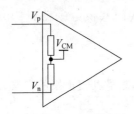

图 2.15　芯片内置共模电平

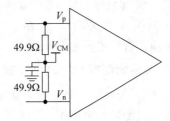

图 2.16　芯片外接共模电平

4. 解决方案

因 PCB 板上未留有 p、n 极之间端接电阻和接入共模电平的条件。再次研究驱动和接收器件的参数，发现 PLL 驱动端输出参数中，配置输出电平为 LVDS18，共模电平典型值为 900mV（700～1100mV），摆幅为 300～450mV，满足输入 FPGA 的 LVDS 时钟要求，鉴于 PCB 已处于成品阶段，故将交流耦合电容更换为 0Ω 电阻做直接耦合。测试时钟的 $T_{\text{rise/fall}}$、抖动（jitter）等指标符合设计要求，因此故障排除。

2.4 案例9——板卡适配的故障,谈共同时钟的时序约束

受限于线路串扰等瓶颈因素,时钟与数据并行的总线拓扑制约了通信总线速率的提升,串行总线成为主流。源同步时钟和共同时钟是串行总线时钟的两种常见拓扑。源同步时钟更多关注时钟抖动(jitter)的问题,本节讲述一个共同时钟拓扑的案例,其关注的核心问题是"建立、保持"时间参数。

2.4.1 项目背景及故障描述

本案例主要讲解一款 PCIe 计算板卡适配不同服务器机型时发生 NCSI (Network Controller Sideband Interface)通信异常故障的情况。故障现象是计算板卡与部分机型适配时,计算板卡无法接收管理数据。

NCSI 是一种基于网络传输层协议的带外管理接口协议。服务器的 BMC(Baseboard Management Controller)与 PCIe 计算板卡的 NCSI 通信框架如图 2.17 所示。

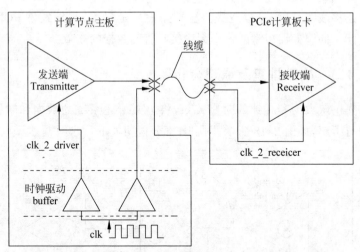

图 2.17 服务器的 BMC 与 PCIe 计算板卡的 NCSI 通信框架

系统包括:计算节点主板和 PCIe 计算板卡,两者的 NCSI 通过线缆连接,如图 2.17 所示,计算节点主板为数据驱动端,计算板卡为数据接收端。

NCSI 的时钟由计算节点中主板的时钟驱动 buffer 扇出,通过 PCB 板连线至数据驱动端;同时扇出另一路时钟,由 PCB 板连线至连接器,并通过线缆连接至 PCIe 计算板卡;在 PCIe 计算板卡上通过连接器及 PCB 板连线,最终传输至接收端。

2.4.2　故障分析思路

在 2.3 节中,讲述了通过时钟信号的三要素排查时钟链路故障,这是针对时钟信号本身的一种方法。本案例是在共同时钟下,数据链路传输的问题,除了分析驱动端、传输媒介、接收端,还需要引入时序关系进行分析,体现时钟对数据的约束。

本案例是不同服务器机型与 PCIe 计算板卡适配的应用,不同服务器机型中的 BMC 芯片的型号是一致的,接收端均为 PCIe 计算板卡,因此驱动端、接收端的物理特性都是相同的。另外在软件层面上,固件配置和通信协议也是一致的。上述多种系统适配的主要差异是不同计算节点主板上线路长度不同,以及计算节点主板与 PCIe 计算板卡连接的通信线缆长度不同。在共同时钟拓扑下,因物理线路长度差异而引发的故障,需要进行时序分析,能否满足数据链路的"建立、保持"时间关系,是数据、时钟分立的通信链路首要关注的问题(相对应的,源同步时钟拓扑最需关注时钟抖动问题)。

本案例是典型的共同时钟的时序问题,因为不同机型的 PCB 走线长度和插装连接线缆长度不同,造成传输链路信号延迟不同,导致该 PCIe 计算板卡适配不同服务器机型时发生无法接收管理数据的故障。

2.4.3　故障排查及原理分析

首先讲解数据和时钟的时序关系,将上文所述系统的数据和时钟的时间片进行拆解,如图 2.18 所示,图中各部分说明如下。

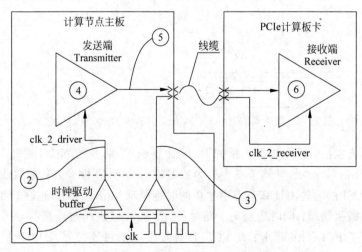

图 2.18　共同时钟系统的时间拆解

① 为 buffer 输出时钟间存在的 skew(时钟歪斜)T_{skew}。

② 为 buffer 输出至主板的时钟所在 PCB 板上的飞行时间 $T_{clk2driver\_flight}$。

③ 为 buffer 输出至计算板卡的时钟所在 PCB 板和线缆的总飞行时间 $T_{clk2receiver\_flight}$。

④ 为时钟触发数据驱动端后，数据由芯片核心(core)推出至 I/O 端口的时间 $T_{clk2out}$，一般情况下，芯片手册提供该参数。

⑤ 为传输数据在 PCB 板和线缆上的飞行时间 T_{data_flight}。

⑥ 为传输数据在接收端的建立时间 T_{su}。

需要注意，数据在驱动端被触发和接收端被采样是两拍时钟的动作，即第一次时钟沿，数据输出；第二次时钟沿，接收端采样(所述为单次上升沿采样)。将图 2.18 中拆解的时间片反映成时序图，得到共同时钟时序图，如图 2.19 所示。

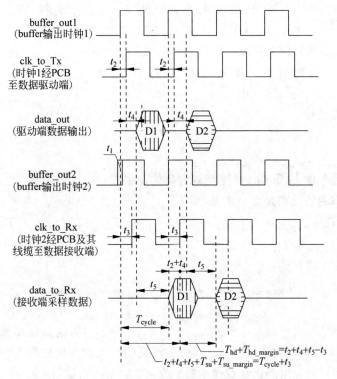

图 2.19　共同时钟时序图

1. 关于建立时间的计算

图 2.19 中，在 clk_to_Rx 的第二次时钟沿触发接收端，并采样数据 D1

时,数据 D1 需要比采样时钟 clk_to_Rx 提前 T_{su} 时间到达接收端,用公式表示就是:

$$T_{data2receiver} + T_{su} \leqslant T_{clk2receiver}$$

上述不等式中,"小于"的意义是建立时间 T_{su} 需要时间裕度 T_{su_margin},使数据 D1 准备充分,即

$$T_{data2receiver} + T_{su} + T_{su\_margin} = T_{clk2receiver}$$

下面讲解公式如何展开,即拆解的时间片如何填充到上述公式中。

注意,计算时间的公式,需要一个时间原点"0 时刻",这套时序关系有一个清晰的原点,就是 buffer 输入时钟的那一刻,此后同源时钟分成两路,一路驱动数据发送,另一路在 T_{cycle} 之后(前文所述"第二拍时钟")采样数据。

首先我们假设 $T_{skew} = 0$(图 2.19 中 t_1),即 buffer 的时钟同时扇出,后续我们再来讨论更差的结果,目前先这样分析时序关系,比较简单。

数据从"0 时刻"到接收端的总时间 $T_{data2receiver}$ 包括:$T_{clk2driver\_flight}$(图 2.19 中 t_2)、$T_{clk2out}$(图 2.19 中 t_4)、T_{data_flight}(图 2.19 中 t_5)。

接收端采样时钟从"0 时刻"到接收端的总时间 $T_{clk2receiver}$ 包括:T_{cycle}(接收端采样时钟第二次时钟沿,执行采样,故间隔一个时钟周期)和 $T_{clk2receiver\_flight}$(图 2.19 中 t_3)。

公式展开:

$$T_{clk2driver\_flight} + T_{clk2out} + T_{data\_flight} + T_{su} + T_{su\_margin}$$
$$= T_{cycle} + T_{clk2receiver\_flight}$$

此时考虑 buffer 的时钟歪斜劣化的结果是 T_{skew} 占用 T_{su_margin},这种 $T_{skew} > 0$ 的情况即是更差情况,即

$$T_{clk2driver\_flight} + T_{clk2out} + T_{data\_flight} + T_{su} + T_{su\_margin} + T_{skew}$$
$$= T_{cycle} + T_{clk2receiver\_flight}$$

整理上式得到:

$$(T_{clk2driver\_flight} + T_{data\_flight} - T_{clk2receiver\_flight}) +$$
$$(T_{skew} + T_{clk2out} + T_{su}) + T_{su\_margin} = T_{cycle}$$

式中($T_{clk2driver\_flight} + T_{data\_flight} - T_{clk2receiver\_flight}$)为电路板和线缆参数,即通过 PCB 和线缆可以控制的参数。线路的长度对应信号的飞行时间,可以得到通过调整电路板和线缆参数来改善建立时间裕度的策略:

(1)减小驱动端时钟的线路长度。

(2)减小数据的线路长度。

(3)增加接收端时钟的线路长度。

以上三项是通过调整电路板和线缆参数,增加系统 T_{su_margin} 的方法。

需要注意的是,数据传输的方向往往是双向的。此时的驱动端和接收端,在数据返回方向会转变角色,所以板级参数需要综合考虑双向情况并调整。

$T_{skew}+T_{clk2out}+T_{su}$ 为芯片参数,为器件选型时需要考虑的因素。

T_{cycle} 可以认为是传输协议参数或系统参数,如果板级参数和芯片参数不能满足条件,降低通信时钟的速率(增加周期时间)是需要考虑的因素。

2. 关于保持时间的计算

对系统的保持时间而言,要求在接收端的下一拍采样时钟开始采样时,本拍数据需要将总线释放。否则会造成本拍数据(未释放总线)与下一拍到来数据(应占用总线)冲突。得到保持时间的约束为:

$$T_{clk\_receiver\_flight}+T_{skew}+T_{hd}+T_{hd\_margin}$$
$$=T_{clk\_driver\_flight}+T_{data\_flight}+T_{data\_out}$$

建立、保持时间的约束公式相加:

$$T_{su}+T_{su\_margin}+T_{hd}+T_{hd\_margin}$$
$$=T_{cycle}$$

上述公式反映了在数据传输速率加快(时钟频率提高,周期 T_{cycle} 减小)的条件下,共同时钟拓扑中"建立、保持"时间的瓶颈所在,"建立"与"保持"时间之和被时钟周期所约束。

3. 故障解决方案

该故障案例使用缩短线缆解决数据的建立时间问题,相对而言,调整电路板和线缆参数是比较直接的优化"建立、保持"时序关系的解决方案。

第3章

电源电路设计与应用

本章阐述的电源电路案例包含以下两方面特征。

（1）案例以面向数字单板上的电源模块应用为场景，主要涉及 LDO（Low DropOut regulator，低压差线性稳压器）和 VRM（Voltage Regulator Module，电压调节模组）应用。一般而言，电源设计范围很广，包括反激变换器、正激变换器、半桥变换器、全桥变换器等开关电源，这些内容不在本书叙述的范围内，感兴趣的读者可以阅读相关书籍。

（2）案例以电子工程师的视角向电源提出需求，同时检视自身硬件设计。本章包含因硬件电路设计错误而导致的电源平面故障（如3.3节所述案例12是硬件工程师的责任范围）。

相应地，VRM 工程师（电源工程师）视角是电源模块的设计，兼顾通用电源设计规范，并满足系统对电源提出的需求。精度、功率、效率、纹波与噪声（ripple/noise）、瞬态（transient）特性、幅值/相位裕度、欠压/过压保护（UV/OV）、过流保护、调制模式、连续/断续电流工作模式……这些内容以一本专著来论述也是足够的。

1. 关于 LDO

针对 LDO 应用，建议了解模块的拓扑结构，包括 NPN 型、PNP 型、PMOS 型、NMOS 型等，因为其拓扑与 LDO 参数、应用场合是强相关的。

例如 PMOS 型 LDO 适合应用于较高输入、输出电压的场景，因为 PMOS 型 LDO 输入极为源极 S，增加输入与误差放大器之间的压差 V_{GS}，有利于减小 PMOS 管的源极与漏极间的等效导通电阻 R_{dson}，实现较低的管压降，从而进一步降低热损耗、提升效率，图3.1为 PMOS 型 LDO 反馈框图。

另外，使用增强 PMOS 型 LDO，若输入电压过低，可能无法满足 MOS

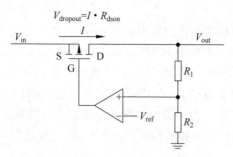

图 3.1　PMOS 型 LDO 的反馈

进入饱和区的条件。

　　LDO 参数中,效率、精度、压降、静态电流、热特性、电源抑制比等参数,在设计中需要予以重点关注,同样适用于指导故障排查。3.1 节将讲解一个 LDO 稳定性的案例。

2. 关于 DC-DC

　　如前文所述,开关电源技术所涉及的内容是可以用专著论述的,硬件电子工程师需要了解宏观的概念和参数关系,包括:

　　(1) 三种基本拓扑及其调压原理,例如 Cuk 电路,SEPIC(Single Ended Primary Inductor Converter,单端初级电感转换器)电路等本质也是 Buck-Boost 拓扑。

　　(2) 在本书涉及的硬件电路范畴(计算机主板、通信单板、高端仪器主板等)中,同步开关电源(包含上、下 MOS 管的开关电源)更常见。

　　(3) 电路中各元器件参数对纹波、效率、环路稳定性、瞬态特性等参数的影响。

　　举一个元器件参数的例子,一个连续电流模式(CCM)的 Buck 电路的输出电容与电源纹波关系拆解如图 3.2 所示。

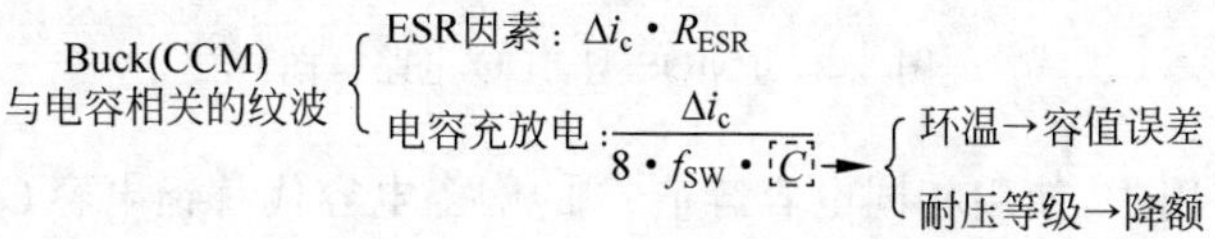

$$\text{Buck(CCM)} \atop \text{与电容相关的纹波} \left\{ \begin{array}{l} \text{ESR因素:} \Delta i_c \cdot R_{\text{ESR}} \\ \text{电容充放电:} \dfrac{\Delta i_c}{8 \cdot f_{\text{SW}} \cdot \boxed{C}} \left\{ \begin{array}{l} \text{环温} \to \text{容值误差} \\ \text{耐压等级} \to \text{降额} \end{array} \right. \end{array} \right.$$

图 3.2　Buck(CCM)电容纹波参数拆解

　　其中 Δi_c 为纹波电流。

　　R_{ESR} 为滤波电容的等效串联阻抗,注意多个滤波电容并联时,这些电容的等效串联阻抗也会并联,R_{ESR} 降低会减小纹波。

　　f_{SW} 为开关电源的开关频率,从图 3.2 中的公式可以看出,开关频率升高,会减小纹波。

C 为开关电源输出的滤波电容值。

图 3.2 既反映了电容的 ESR(Equivalent Series Resistance,等效串联阻抗)对电源纹波的影响,也反映了电容容值对电源纹波的影响。更进一步,若电容的耐压等级选取较低,电压升高会引起电容降额,进而容值降低,最终导致纹波增大。需掌握类似上述参数分析的定性关系。

(4) 环路稳定性需要经典控制理论的频域、复频域的分析方法。

3.1 案例 10——LDO 输出滤波电容 ESR 配置不当致电源输出振荡

前面已经阐述了 LDO 的拓扑特性和设计中的关键参数(效率、精度、压降、静态电流、电源抑制比),另外,稳定性分析和热设计也是 LDO 电路设计应用中需加注意的问题,本节案例是有关 LDO 稳定性分析的案例。

3.1.1 项目背景及故障描述

本案例核心电路为 PMOS 型 LDO,电源模块及其外围匹配电路如图 3.3 所示,R_1、R_2 为反馈电阻,另配置滤波钽电容 C_T,去耦陶瓷电容 C。

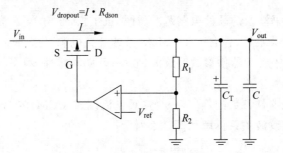

图 3.3　PMOS 型 LDO 电路框图

实际应用中,使用相同电容容值 C 的陶瓷电容代替钽电容 C_T 做旁路滤波电容,发现 LDO 输出电压发生振荡。

3.1.2 故障排查及原理分析

LDO 应用,因输出电容配置不当导致系统不稳定是 LDO 的常见故障。对 LDO 电路模块建立传递函数模型,并进行频域分析。系统模型如图 3.4 所示。

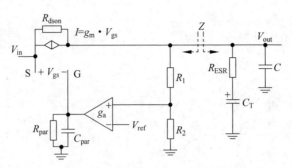

图 3.4 PMOS 型 LDO 电路系统模型

其中，

R_{dson} 为 LDO 中 PMOS 开关管的源极和漏级间等效导通电阻。

V_{gs} 为栅极与源极间的电压。

$I = g_{\mathrm{m}} \cdot V_{\mathrm{gs}}$ 为等效小信号模型后，通过 PMOS 源极与漏极的电流。

g_{a} 为误差放大器的增益。

R_{par} 和 C_{par} 为误差放大器输出端配置的电阻和电容，作用是对误差放大器输出滤波，从控制系统传递函数的角度看，是为系统配置了一个极点。

以上参数一般是 LDO 芯片内部的电路参数。另外，在芯片外部配置包括：

R_1 和 R_2 为反馈回路的分压电阻。

R_{ESR} 为滤波电容的等效串联阻抗。

C_{T} 为滤波钽电容容值。

C 为滤波的瓷片电容。

计算电路的输出阻抗 $Z = \left[R_{\mathrm{dson}} \parallel (R_1 + R_2) \right] \parallel \left[R_{\mathrm{ESR}} \parallel \dfrac{1}{sC_{\mathrm{T}}} \right] \parallel$

$\left[\dfrac{1}{sC} \right]$，其中 R_{dson} 远小于 $R_1 + R_2$，旁路陶瓷电容 C 远小于钽电容 C_{T}，整理得到：

$$Z \approx \frac{R_{\mathrm{dson}}(1 + sR_{\mathrm{ESR}}C_{\mathrm{T}})}{[1 + s(R_{\mathrm{dson}} + R_{\mathrm{ESR}})C_{\mathrm{T}}] \times [1 + s(R_{\mathrm{dson}} \parallel R_{\mathrm{ESR}})C]}$$

则在系统的开环传递函数中，其极点、零点如下：

$$极点\ P_0 = 1/[R_{\mathrm{dson}}C_{\mathrm{T}}]$$

$$极点\ P_1 = 1/[R_{\mathrm{ESR}}C]$$

$$零点\ Z_0 = 1/[R_{\mathrm{ESR}}C_{\mathrm{T}}]$$

另外系统还包含误差放大器输出极点：

$$极点\ P_2 = 1/[R_{par}C_{par}]$$

根据系统开关传递函数的零点、极点绘制系统的伯德图,如图 3.5 所示。

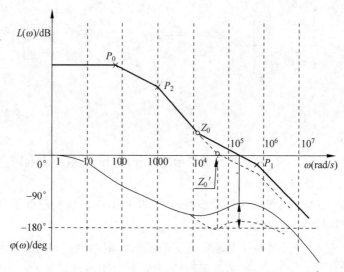

图 3.5　PMOS 型 LDO 的伯德图

理想 PMOS 型 LDO 匹配外围电路后的伯德图幅值特性曲线和相位特性曲线为图中实线所示,其中幅值特性曲线穿越"0 轴"时,所对应的相位与 $-180°$ 的差值,是该传递函数的相位裕度,表征系统的稳定性。

在发生 LDO 输出振荡的电路中,用于旁路的钽电容被更换为容值相同的陶瓷电容,大大降低了电容的等效串联阻抗 R_{ESR},直接导致开环传递函数的零点 Z_0 朝高频方向移动,其幅值特性曲线穿越频率处的相位裕度减小,系统处于不稳定状态。

3.1.3　解决方案

一般情况下,LDO 含 ESR 配置需求时,会在手册中注明配置电容 ESR 的稳定性(stable)范围,需要按照手册执行电路设计,保障 LDO 输出的稳定性。

另外传递函数的稳定性一方面和 LDO 的拓扑相关,例如 NMOS 型的 LDO,其健壮性不依赖于外部配置电容参数;另一方面和 LDO 设计相关,为了保障其稳定性,多在芯片内部配置零点。

3.2 案例 11——模块输入引脚的驱动电流与电源使能控制信号

单板上电——电源调试是硬件回板后调试的第一步。本节案例列举一些常见的电源和负载故障,以及分离排查故障的思路和方法。

相对而言,本案例故障的根因是比较隐蔽的,即使在高度集成化和解决方案为王的时代,基本功也永不过时。

3.2.1 项目背景及故障描述

本案例为信号处理 VPX(VITA46 协议的一种背板总线)单板,单板入口采用单电源 12V 供电,并使用一颗 DC-DC Module A 模块将电源降压至6V,该转换电压为下级多个电源模块供电,电源树框图如图 3.6 所示。

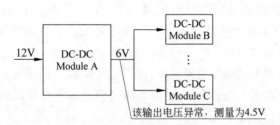

图 3.6 单板入口电源树框图

单板调试过程中发现,12V 转 6V 的 DC-DC Module A 模块工作异常,输出电压约为 4.5V。另外,该单板调试的背景信息还包含:

(1) DC-DC Module A 模块为公司的首次应用,没有应用经验和可靠支持。

(2) 暂时不确定原理设计的正确性。

(3) 项目相关工程师反馈:第一次打板调试时发现 Module A 焊接短路。

3.2.2 故障分析思路

此故障案例受到一些非技术因素的影响。

(1) 原设计者已经离职,接手该项目的工程师对此设计方案不信任,有抵触情绪。

（2）生产加工的过程不顺畅，节外生枝（笔者对焊接短路的描述表示怀疑，但现状是已经重新焊接，无法确认）。

负面情绪会将很多主观加工过的信息带入思考过程。从另一个角度看，客观思考和遵守故障排查纪律是十分重要的。

1. 检查原理设计和 PCB

因为原理图设计受到质疑，所以首先要对原理图进行摸底。笔者初步查阅该开关电源模块的原理图，配置大多和典型用例一致，包括反馈电阻配置、开关频率设置、软启动设置、输入输出电压/电流范围、滤波电容配置等。

初步查看 PCB 的布局布线，包括电源平面的设置、通流孔布置、反馈回路无干扰等，确认要点设计合理。

2. 单板硬件状态检查

除了检查原理图，结合图纸核验单板硬件状态是必要的。

第一步，初步检查电路有无明显异常，此时必须测量各电源负载的静态阻抗，因为故障现象是电源输出幅值降低，怀疑后端存在接近短路的重负载，使故障模块的输出电流超过了设计额定电流。但是，经过测量单板各静态阻抗，未发现异常。

对于此案例中的故障电源模块，使用电子负载拉载该模块，并确定模块额定电流的方式更稳妥；相对地，静态阻抗测量易于操作，也是单板状态检测的必要步骤。

第二步，需要实际上电确认故障情况，单板接入 12V 电源后，模块无明显发热等异常，输出电压 4.5V，初步查看波形，处于直流稳压状态。

至此确认该故障现象，输出电压值异常。

3.2.3 故障排查及原理分析

1. 分析与计划变更

经初步的单板电路检查和故障确认，后端电源负载无明显异常（例如短路或负载等效电阻异常）。但是后端电源树包含 5V 输出的 Buck 电路模块，Buck 电路是降压工作的电路模块，6V 转为 5V 是正常工作状态。本案例中的故障已经发生，该模块输入为 4.5V，无法实现转换为 5V 输出，属于一个异常工作状态，对故障分析排查存在干扰，思考排除这个干扰因素。

根据单板电路的实际状况，单独断开 5V 模块的输入端电源并不容易（无磁珠或 fuse 等容易断开、拆除的分立元件）；而 Module A 模块的输出端可以断开 6V 电源平面的全部负载（额定电流 10A）。

这并不是试验计划的初衷,但是权衡后认为这个调试动作是值得的。一方面断开6V后端全部负载后可以查看目标电源模块 Module A 的状态;另一方面根据单板实际情况,具备全部断开的条件,操作相对容易,如图3.7所示。

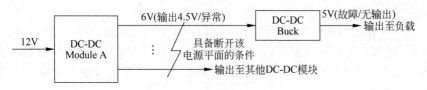

图 3.7 单板的电源树框图

2. 试验中的新发现

断开单板 Module A 模块的全部负载后,再测量该模块电压输出,输出电压为6V,符合设计目标电压值。注意这是一个在试验中发现的新情况。分析这个试验结果,猜测是后端重载超出 Module A 模块的额定电流而引起的故障,需要复核各电源负载和额定电流。

3. 应对新发现

一分为二地排查故障,分别研究 Module A 模块和后端负载,合理的方式是:

(1) 驱动端连接电子负载,核实带载能力。

(2) 负载端使用数字电源驱动,核实需求电流。

图3.8为将电源驱动端和目标负载端分离排查故障的方案示意图。

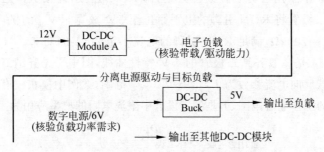

图 3.8 单板电源与负载分离故障排查方案

使用数字电源输出6V为后端供电,负载电流约为6A,说明负载符合设计,且无短路等异常。

受限于未协调到电子负载设备用于试验,只能核实 Module A 输出电流设置和限流引脚,模块型号等,额定电流设计符合要求。

此时检查原理设计时注意到一个细节,Module A 包含一个 RUN 引脚,主要功能描述如下：

RUN *volt.* >1.25V，模块输出打开。

RUN *volt.* <1.25V，模块输出关闭（以1.25V为门限，暂不考虑滤除抖动的滞环功能）。

另外模块内部包含一个齐纳二极管，当RUN引脚直连输入高于5V电平时（例如12V），可以被该稳压管钳位电压至5V，手册要求RUN引脚的输入电流小于2mA。图3.9为该电源模块RUN引脚的外部配置电路及内部电路框图。

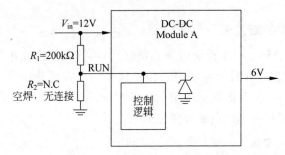

图3.9　电源模块RUN引脚电路图

原理设计中采用电阻分压的方式，目的是实现模块的欠压保护，当 V_{in} · $\left(\dfrac{R_2}{R_1+R_2}\right)$ <1.25V 时，电源模块输出关闭。

图3.9中采用了另一种设计方案，即 R_2 不连接，焊接 R_1，通过模块内部的齐纳二极管将RUN引脚的电平钳位至5V，放宽了 V_{in} 的供电范围，设计保留 $R_1=200$kΩ，满足RUN引脚的电流小于2mA的要求。

图3.10是一般齐纳二极管的 I-V 特性曲线，图中可见齐纳二极管稳压的工作区域反向电流参数为 $I_{Z\_MIN} \sim I_{Z\_MAX}$ 范围，案例中模块没有给出该齐纳二极管的工作电流范围，但是参考设计中限流电阻的典型应用为10kΩ。

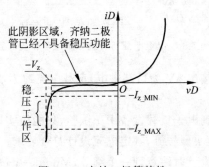

图3.10　齐纳二极管特性

可以估计到,当采用 $200k\Omega$ 电阻上拉至 12V 时,反向电流 $|I| < |I_{Z\_MIN}|$,此时齐纳二级管不再具有稳压特性,模块控制逻辑处于异常状态。

将限流电阻更换为 $10k\Omega$,Module A 工作正常,正常驱动单板负载,对比图 3.9,电阻调整如图 3.11 所示。

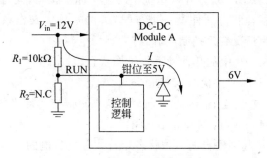

图 3.11　电源模块故障排除方案

3.2.4　小结

(1) 通过原理设计(图纸)与单板测试(实物)结合排查问题。

(2) 寻找便于操作的调试方案,断开 6V 输出的全部负载易于操作,即不再拘泥于局部断开 6V 负载的思路(隔离 5V 模块输入异常这一干扰因素)。

(3) 模块轻载,6V 输出正常。调整测试方案,分别研究 Module A 电路和 6V 电源负载。

(4) 找到设计故障根因,即 Module A 中 RUN 引脚约束,排除故障。

3.3　案例 12——控制逻辑 I/O 配置与不同电源域漏电

硬件单板不同电源域的漏电检查是电路原理图常规核验项之一,本节讲解易发生漏电故障的位置,不同电源域的外设互联接口是检查重点。

3.3.1　项目背景及故障描述

1. 故障背景描述

测试某计算机主板处于待机状态(即 S5 状态)时,3V3_SOC 电平约为 2.4V,3V3_SOC 属于计算机主板正常工作状态(S0 状态为 3.3V)的电源域,S5 状态输出应为 0V。

2. ACPI 简介

本节内容涉及一些高级电源管理接口（Advanced Configuration and Power Management Interface,ACPI）的概念,此处简要介绍一下 ACPI 和本节相关的概念。ACPI 是计算机系统中的一个标准接口,支持操作系统对计算机电源进行管理和对硬件设备进行配置,目的是使操作系统能够根据计算机的实际使用情况合理控制电源,有效利用电源。

本节涉及 ACPI 中的几种计算机工作状态,其中,

S0 是设备正常工作状态（Working）。

S3 是系统挂起至内存的一种状态,规范包含保留内存中的内容（Dynamic RAM context is maintained）。

S4 是系统挂起到硬盘的一种状态,是比 S3 更省电的一种状态。

S5 是关机状态。此时计算机系统的部分待机电源仍处于供电状态,例如在 S5 状态,按下计算机的开关按键能够开启计算机或者通过网络命令远程唤醒计算机,就是因为有待机电源的支持。

G3 是系统电源处于关闭状态,没有任何电流输入至系统,例如断开桌面计算机 220V AC 工作电源,主板上仅有 RTC（Real Time Clock）电池供电。

3.3.2 故障分析思路

计算机主板的不同电源漏电是在硬件设计和产品测试时都应特别关注的问题,一般的主板硬件设计中,"是否存在电源域漏电"是原理图检查项,在原理设计时会有针对地进行复查。通常设计中易发生漏电错误,需要在检查时特别注意的位置包括:

（1）PCH（Platform Controller Hub,平台集线器）或南桥芯片部分电路,计算机的南桥芯片是计算机启动和电源管理（例如 S3、S4 等状态和控制信号）集中的电路模块。容易发生与电源域相关的设计错误。

（2）PCH 的 GPIO（General Purpose Input Output,通用输入输出接口）引脚,需要注意固件的配置状态,并非单纯的硬件问题。

（3）部分低速通信总线,常见 I^2C 总线中的 Master 和 Slave 是否处于同一电源域,SPI 接口的 Master 和外设是否处于同一电源域。

（4）特别关注 GPIO 或通信总线中含有上拉电阻的链路,漏电往往通过该上拉电阻进入错误的电源域。上述（2）、（3）项与此项存在交集。

以上所述的注意事项在本节案例中需要重点排查。

3.3.3　故障排查及原理分析

3.3.2节中阐述了单板容易发生漏电故障的位置,在原理设计阶段重点排查并避免漏电故障发生。

具体落实到本案例中,已经发生了漏电故障,需重点检查漏电电源域3V3_SOC的相关电源和I/O引脚。要注意以下几点:

(1) 芯片中3V3_SOC的电源引脚是否连接在S5态下工作的电源,3V3_SOC的电源是否被控于S0态上电。电源引脚连接错误是非常严重的原理设计错误,这种错误与本案例中的故障现象(3V3_SOC电平约2.4V)不符。

(2) 重点检查此类I/O——处于3V3_SOC电源域,且与S5状态下供电电源域I/O连接。

(3) 不排除芯片设计的错误(bug),即芯片内部漏电,此项内容需要与上游厂商沟通。

本案例中3V3_SOC电源域相关的I/O仅有3个。相对容易排除,通过原理分析和试验定位到CPLD(Complex Programming Logic Device,复杂可编程逻辑器件)输出信号与该芯片3V3_SOC电源域I/O的互联中出现漏电,如图3.12所示。

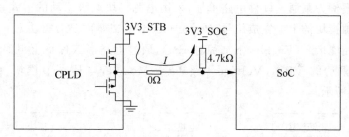

图3.12　单板CPLD与SoC电源的漏电路径

排查步骤如下。

(1) 将CPLD与SoC之间连接的0Ω电阻断开后,在S5状态时,3V3_SOC电平为0V,漏电问题消除。

(2) CPLD输出信号至SoC,原设计定义该CPLD为漏极开路输出,通过4.7kΩ电阻上拉至3V3_SOC,这种电路状态是不应发生漏电的。此电路中因CPLD驱动接口是可以配置的,所以需要检查该配置。经检查,CPLD固件将该输出信号配置为推挽,故发生该漏电故障。

(3) CPLD的输出信号设置成推挽信号,驱动电流仅为2mA,故3V3_SOC电源的漏电电压为:

$$V_{3V3\_SOC} = V_{3V3\_STB} - I \times R = 3.3V - 2mA \times 4.7k\Omega \approx 2.4V$$

（4）将 CPLD 的 I/O 输出信号属性修改为 OD（Open Drain，漏极开路），故障消除。

3.3.4　小结

熟悉并关注单板漏电故障的高发区域，如 3.3.2 节故障分析思路中常见的单板漏电位置，在设计图纸检查中予以消除。

3.4　案例 13——DC-DC 激活逻辑延迟导致系统上电时序错误

除了概述中阐述的电源设计和测试项，电源上电的单调性也是电源控制和测试所关注的常规项目之一，本案例讲解与逻辑激活相关的电路故障和接口设计。

3.4.1　项目背景及故障描述

本案例为某通信硬件电路单板，采用电源模块逐级驱动的方式，即由上一级电源模块的上电完成信号（Power Good，下文简称 PG）驱动下一级电源模块的使能信号（Enable，下文简称 EN），通过上述形式保证上电时序。上述逐级驱动的 VRM（Voltage Regulator Module，电压调节模块）组框图如 3.13 所示。

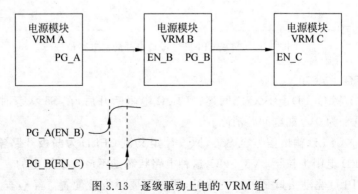

图 3.13　逐级驱动上电的 VRM 组

测试中发现中间某一级电平出现"上电"→"下电"→"上电"的波动状态。

3.4.2　故障分析思路

对电源模块存在"上/下电"状态异常的情况,优先检查的是与电源"开/关"控制相关的信号,包含使能(Enable)、欠压/过压保护(Under Voltage/Over Voltage Protection)、过流保护(Over Current Protection)、过流保护模式设置(例如下电或"打嗝"模式)。

以上所述的控制引脚是直接干预电源控制器开启或关闭。

3.4.3　故障排查及原理分析

1. 故障复现

测量故障模块的 EN 使能控制信号发现,其电平信号出现波动,最终完成电平拉高,图 3.14 展示了 EN 信号异常波动的过程。

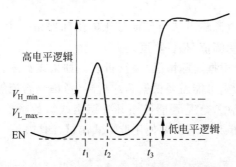

图 3.14　上电异常 VRM 的 EN 信号波形

分析该异常上电模块 EN 引脚参数发现,其逻辑电平高于 V_{H_min} 值时,模块的逻辑 EN 开启有效,即在 t_1、t_3 点均能够开启模块供电。而在 t_2 时刻,因为 EN 信号电平低于 V_{L_max},模块的使能逻辑处于关闭状态,即 $t_2 \to t_3$ 的时间内电源供电关闭。

2. 调试方案

该异常是影响模块出现"上电"→"下电"→"上电"的波动状态的原因。而该 EN 是信号受到上一级电源模块 PG 驱动的,需要结合上、下级信号的关联查找原因。一般情况下,断开 PG→EN 的信号关联,分别测试其状态,对故障源做分离排查,如图 3.15 所示为断开 PG_A→EN_B 的串联电阻。

此处简要讲解一下电路设计过程中的可调试和可测试性。根据需求和实际板上空间,在电源模块 PCB 布局中,会保留部分控制信号、反馈回路参数调试、环路稳定性测试、电源功率测试、电源保护测试等接口或无源器件

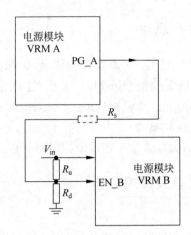

图 3.15　电源模块的控制信号关联

的位置。

　　例如,常见的电源输出端与反馈分压电阻间保留一个 10Ω 电阻的焊接位置,用于测试电源幅值/相位裕度。

　　故障排查需要根据实际情况,灵活折衷。如果设计未保留上述端接,分离该故障影响因素则可能需要根据芯片封装(考虑是否能够挑起控制引脚)和电路板走线情况(考虑是否能够断开外层走线),最糟糕的选择甚至要去除下一级模块(考虑是否有必要使用此方式调试、测试)。

3. 故障根因

断开故障模块的 EN 信号后发现:

　　(1)上一级电源模块的 PG 信号即出现毛刺。

　　(2)使用外部电源驱动故障模块,输出电平良好,无上文所描述的"上电"→"下电"→"上电"故障问题。

　　至此,通过故障分离排查,分析认为上一级电源模块输出 PG 信号异常是本节故障的根本原因。分析该电源模块的原理发现,该 VRM 内包含一个 LDO,其主要功能是提供开关控制器内部逻辑工作的电源,图 3.16 为出现故障的 VRM 原理框图。

　　在板级电路设计中,模块的上电 PG 信号(常见为 OD 输出信号)被上拉至芯片内 LDO(这种连接方式是手册典型电路),但是因为 VRM Logic 的完全激活存在延迟,PG 信号在此阶段未受控,LDO 供电即会导致 PG 信号的拉高。

4. 解决方案

通过对该电源模块的原理进行分析,发现问题是电源控制器内部固有

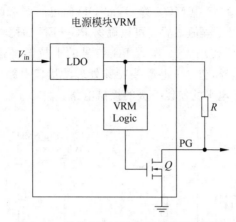

图 3.16　故障 VRM 及板级电路原理框图

的,此问题可以通过如下三种方案进行调整或优化:

（1）允许毛刺波动存在,但是不影响下一级逻辑。使用电源模块内部电源作为 PG 信号的上拉电平,一般情况下会出现毛刺。但是如果下一级电源模块的 EN 信号 Logic"H"不会受到毛刺影响,则不会出现该故障。此时需要重点关注 EN 信号的 V_{H_min} 参数。

（2）使用已上电的电源为 VRM 内部逻辑供电（前提条件是该 VRM 支持此种模式）,另外接口输入电压、电流需要参考模块手册需求,例如,使用常规待机电源 5V stand by,3.3V stand by 等。该解决方案电路框图如图 3.17 所示。

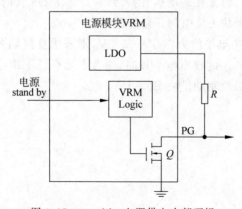

图 3.17　stand by 电源供电内部逻辑

（3）使用模块自身的输出电源 V_{out} 作为 PG 信号的上拉电平。因为电源模块自身电源输出是滞后于模块逻辑功能完成的,另外,一般的 PG 信号控制的释放(即图 3.17 中 MOS 管 Q,此 OD 门电路开关断开关闭)是在模块电平上电 90% 以上幅值之后。可以确保 PG→EN 的逻辑正确性。

值得注意的是,使用 V_{out} 作为 PG 信号的上拉电平这种方式中,由于 V_{out} 输出电压的差异,包含一些需要特殊处理的接口电路。图 3.18 展示了两种不同目标设备电平的使能下级的接口电路。

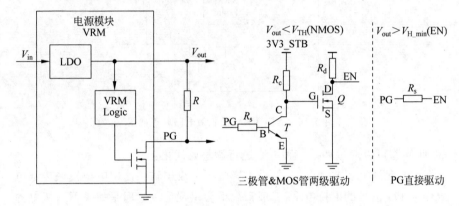

图 3.18 PG 上拉至 V_{out} 并使能下级的接口电路

例如:V_{out} 的输出电压很低(1V 左右),此时可能无法满足下级的电源模块 EN 引脚的打开逻辑电平;考虑使用 MOS 作为第一级开关反向器电路时,增强型 MOS 的选型会遇到一定困难,因为 $V_{GS}>V_{TH}$ 开启电压条件或不能满足。常见电路接口处理见图 3.18,采用三极管和 MOS 管两级驱动的方案(运用三极管"电流控制电压"的特性),注意 MOS 管的上拉电平需要满足下一级被驱动模块 EN 引脚开启的逻辑电平。

若 V_{out} 的输出电平约为 1.8V~3.3V,则采用直接耦合,通常能够驱动下一级逻辑;若 V_{out} 的输出电平较高,如有需要可以采用合适的电阻分压,再驱动控制下一级被驱动模块 EN 引脚。

第4章

复位信号与电路模块的初始化配置

数字电路的复位信号是数以亿计的晶体管协同工作的号令。复位信号需要关注驱动信号输出的时机和质量。其中,"时机"是指复位信号与电源、时钟及其他功能模块信号输出的先后顺序。"质量"是指复位信号的驱动能力、上升/下降沿的斜率、信号的单调性等要素。4.1节将讲述一个复位信号抖动的案例。

系统初始化状态配置与约束主要包括使用上拉、下拉电阻对板卡上的电路模块进行设置;使用固件代码配置寄存器状态;在特定采样或触发信号条件下,采集外设状态并配置;4.3节将讲述一个触发条件下采样配置导致系统故障的案例。

一方面,复位信号(Reset)和约束引脚(Strap Pin)相关的故障比较容易排查,主要原因在于故障现象大多可以稳定复现。这一点不同于部分随机触发的软件相关故障。

另一方面,复位信号和约束引脚相关的故障大多影响系统或部分模块启动,进而影响后续工作的推进。若无法有效规避,对项目实现会造成严重影响,故此类故障的排查优先级高。在设计过程中,与复位信号和约束引脚相关的电路设计需要慎之又慎,一定要将问题在设计图纸上解决,而不要因为疏于设计检查,在单板成型后被动排查故障。

4.1 案例14——反相器选型与应用不当导致系统频繁复位

信号的单调性是复位(Reset)、触发(Trigger)、使能(Enable)等控制信号的重要指标,信号的单调性测量属于常规的测试项。这类控制信号的"抖动"故障一般会在常规测试中复现,相对比较容易排查。另外从系统设计和故障排除角度,硬件和软件都具备成熟的"消抖"的技术方案。硬件的解决方案主要包括采用低通滤波器或"滞回"信号非线性输出两种方案。软件方案多采用延迟二次采样、运算的处理方式,但是需要芯片支持软件采样和运算操作。

对于复位、触发、使能这类关键信号,我们更多考虑在设计中如何规避抖动故障。另外如果发生此类故障,排除故障的动作需要尽可能简单、有效,避免造成改板或更严重的影响。

4.1.1 项目背景及故障描述

本案例故障是板上芯片复位信号在其复位过程中发生抖动,导致该模块被多次复位。

该芯片包含多种电源电压,并规定了电源的上电顺序。硬件设计采用如下复位策略,即该芯片的最后一级上电电压(1.15V)完成上电动作后,以此条件驱动芯片复位信号,保证芯片供电完成后,芯片接收复位信号,然后开始正常工作。

芯片的全部电源上电完成→复位,其输入芯片的复位信号电路图如图 4.1 所示,该复位电路的工作原理如下。电路中 3V3_STB 是待机电源,在 1V15 上电前已经完成供电。1V15 电源平面上电,并作用于 RC 电路,驱动电流如图中虚线所示,输入三极管 T 基极(Base),该电流经过一个由小变大的过程,实现控制集电极(Collector)至发射极(Emitter)由关闭至导通,集电极的电压由 3.3V 降低至接近 GND,即反相器输入端的逻辑由"1"到"0",输出复位信号(RESET_N)逻辑由"0"到"1",目标芯片的复位状态被释放,开始正常工作。

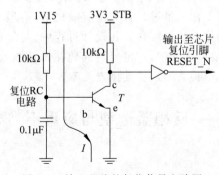

图 4.1　输入芯片的复位信号电路图

需要注意的是,使用较低电压(例如小于 1.2V)作为驱动信号时,一般采用三极管的"电流控制电压"的特性驱动下一级 MOS 管或反相器等电路,因为控制 MOS 管("电压控制电压"器件)导通需要足够的栅—源电压 V_{GS}。

4.1.2 故障分析思路

下面分析案例中发生故障的复位电路。

一方面,芯片最后一级上电的供电电源的电压较低(1.15V),芯片的复位逻辑为 CMOS_3V3,该复位电路应用三极管"电流控制电压"的特性,使用三极管实现"反相器"开关电路。

另一方面,一级三极管开关电路是逻辑反相的关系,故还需要一级反向器调整复位逻辑为"正"。在 1.15V 上电的过程中,CMOS 反相器的输入端 V_{in} 的电平从 3.3V 跌落拉低至 GND,其电压跌落曲线如图 4.2 所示,在 $V_{IL\_MAX} < V_{in} < V_{IH\_MIN}$ 的范围内,即图 4.2 中的阴影区域,出现输出抖动的现象。其中 V_{IH_MIN} 表示输入反相器逻辑"1"的最低电压,输入反相器电压大于 V_{IH_MIN},即反相器输入高电平逻辑。V_{IL_MAX} 表示输入反相器逻辑"0"的最高电压,输入反相器电压小于 V_{IL_MAX},即反相器输入低电平逻辑。

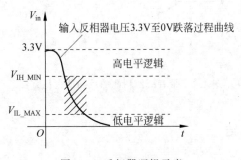

图 4.2 反相器逻辑示意

4.1.3 故障排查及原理分析

通常情况下,对于这种反相器的抖动现象,可以根据单板的实际情况,采用如下几种策略进行处理。

(1)可以采用反相器输出端添加滤波电容的方法,此方法需要计算抖动信号的频带范围,选择合适的滤波器频带,如图 4.3 所示的方案,利用反相器输出阻抗和滤波电容形成滤波器。

(2)采用"软件消抖"方法,例如采用检测到复位触发→延迟→检测复位引脚状态的方式滤除抖动。

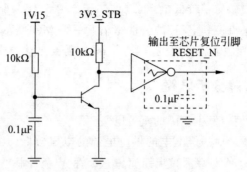

图 4.3　滤波器去抖方法

（3）选择带有滞回功能的器件，例如，案例中应用的反相器具有封装兼容的滞回型反相器，能够滤除抖动，如图 4.4 所示。

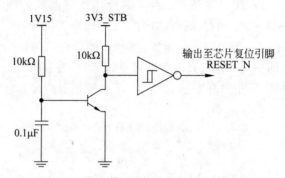

图 4.4　带有滞回功能的反相器去抖方法

4.1.4　小结

熟悉发生信号抖动故障的硬件区域，在设计中予以规避。若故障实际已发生，灵活采用 4.1.3 节中所讲述的方法滤除信号抖动，控制故障造成的影响。

除了复位信号以外，触发、使能等异步信号的抖动也是系统的常见故障问题。下面举例说明。

比较器输出信号的抖动也是一种常见的信号抖动，硬件处理方案与反向器类似。另外，还可以通过外部反馈电路构建滞回，抑制比较器抖动。可采用如图 4.5 所示的反馈电路构建比较器的滞回，注意比较器应用正反馈。

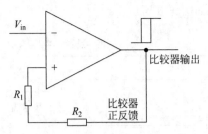

图 4.5 比较器的正反馈滞回电路

4.2 案例 15——JTAG_RST 配置不当导致芯片进入测试模式

我们需要警惕经验和习惯。"习以为常"会导致我们对一些故障"视而不见",陷入"惯性思维"的漩涡,如果长时间无法打开故障排查的思路,情绪可能越来越差。遇到这种情况,笔者建议与其低效率地"钻牛角尖",不如将故障排查的工作放下,做一些其他工作调整一下节奏,或者彻底放弃目前的思路,回到原点。

本节的案例将讲述一个"反常识"的复位应用,故障的原理和结论并不复杂,但是案例的过程值得思考。"反者道之动,弱者道之用"。经验知识与故障的关系是辩证的。

4.2.1 项目背景及故障描述

某包含 PCIe Switch 电路模块的单板,调试时发现,该 PCIe Switch 不能被系统识别。

4.2.2 故障分析思路

板卡的主要功能模块完全失效,应用"三板斧"查看模块电路电源、时钟、复位信号状态。另外该设备能够被计算机系统识别的条件还包括:该桥设备至少与上游芯片组 PCIe 的第一条信道(Lane)链路连通,此时计算机系统至少可以将桥设备识别为 x1 带宽的外设。针对这个问题,此处补充一些关于 PCIe 规范中物理层(PHY)的特性,规范中这些特性的目标是为了优化硬件板级布线(不交叉"打结"),其中包括:

(1) 极性反转(Polarity Inversion)。PCIe 链路中的发送端与接收端以差分对连接,接收端能够在链路初始化训练时检测差分信号的 p、n 极性,并需要支持极性对调,如图 4.6 所示。

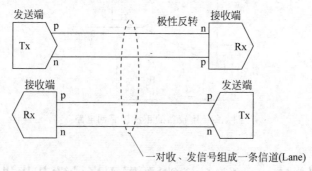

图 4.6 PCIe 信号链路极性反转示意图

（2）逆序(Lane Reversal)与带宽协商（Width Negotiation）。PCIe 链路支持信道(Lane 包含一组 Tx 和 Rx)的"翻转"排序。如图 4.7 所示,注意,此处逆序是对信道而言的,因此需要互联外设两端的收发信号组同时逆序翻转。另外,如果芯片组支持×16、×8、×4、×2、×1 等几种带宽,例如接入的外设(Device)是×8 带宽,则信道 lane[0：7]。在链路初始化时,两者之间的带宽是从低带宽向高带宽训练的,即先尝试×1 连接,然后×2、×4、×8。假设芯片组和外设之间的 lane 6 故障,两者可以协商为×8 带宽失败,就保持在×4 带宽状态。类似地,如果 lane 2 故障,两者协商可能保持在×2 状态。

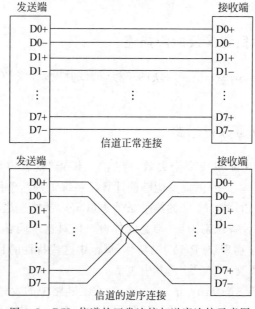

图 4.7 PCIe 信道的正常连接与逆序连接示意图

回到本故障案例的叙述中,至少保证第一条信道连通,计算机系统的芯片组与桥设备可以协商为×1状态。

另外,协调芯片上游厂商技术支持检查原理图纸,包括芯片的应用、约束引脚的配置等,以确保芯片应用原理图的正确性。

4.2.3 故障排查及原理分析

1."三板斧"故障排查

经测试,该芯片相关电源指标良好。芯片本振为25MHz晶体振荡器,工作状态良好。检查板上PCIe的通信链路情况,交流耦合电容完好,链路连通性完好。芯片上游厂商协助检查了原理图纸,表示约束引脚等配置良好。

硬件暂时没有需要检查落实的疑点。因该芯片可以利用I^2C调试接口查看内部寄存器的工作状态,故硬件、软件配合查找故障。

2. 工具配合调试

通过I^2C调试工具连通芯片后,读取芯片内部寄存器,配置符合设计,包含芯片上、下游的带宽等基本配置,同时确认读取到通信链路处于未连通状态。

对于上述调测结果,积极的一面是芯片处于"活"的状态,侧面证明了电源、时钟、配置等工作环境要素的正常。

3. 遗忘的角落

模块中所有的引脚几乎都已核查,协调上游厂商二次核查,故障原因依旧没有找到。此时,笔者一般沉下心来,做以下两件事。

(1) 反复的翻看手册(datasheet),手册能提供故障排查的灵感。PCIe总线桥芯片,基本的功能应用并不复杂(特别是透明桥应用),但是如果想深入研究详细的机理和寄存器功能叙述,则比较繁杂,动辄几百甚至上千页的技术文档,手册的部分细节可能提供故障排查的灵感。

(2) 翻阅类似成熟(成功)项目的设计文档。例如其他PCIe Switch应用的原理图纸。使用对比视角思考,可能找到故障排查的灵感。

翻阅另一份包含类似PCIe Switch设计原理时发现:JTAG(Joint Test Action Group,多用于芯片内部的一种标准测试协议)功能引脚处的Reset信号处理有些不同。一般地,芯片的Reset信号均为低电平有效,相应地,模块(芯片)正常工作时需要释放复位引脚,芯片复位后进入正常工作状态。而该PCIe Switch的JTAG_RST引脚外围电路采用下拉(复位)状态。

带着疑问返回查阅手册发现，PCIe Switch 的 JTAG_RST 和相关功能用于芯片 Test 状态的引脚，即释放 JTAG_RST,芯片进入逻辑测试状态。

而芯片的正常工作态,JTAG_RST 的逻辑恰与一般复位的应用方式相反,需要一直将 debug 功能保持在"复位"状态,芯片才能够正常进入一般应用状态。图 4.8 所示为 JTAG_RST 复位逻辑与芯片工作状态。

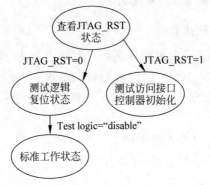

图 4.8 JTAG_RST 的复位逻辑与芯片工作状态

该芯片引脚内部包含默认下拉(配置)。去除电路中的复位上拉电阻,模块电路可正常工作。

4.3 案例 16——约束引脚配置错误导致系统无法启动加载

系统或电路模块的约束引脚(Strap Pin)影响其初始化状态配置,是与系统功能和启动相关的重要约束,也是在故障发生时优先排查的项目。一般地,系统的硬件 Strap Pin 配置多发生在系统上电复位或全局异步复位时刻,此时芯片或电路模块采样硬件 Strap Pin 状态,并确定系统的配置和功能。本案例将讲述在一个特定的触发条件下,Strap Pin 配置异常引发的故障。这是一种不易排查,并影响严重的故障。

4.3.1 项目背景及故障描述

服务器系统的硬件和固件是相互配合工作的,硬件作为承载软件代码工作的实体,而固件是对硬件平台的工作状态进行配置的软件。在本案例中,硬件与固件两者匹配处于正常工作的状态。但是,系统的 BMC (Baseboard Management Controller,主板管理控制器,下文称 BMC)固件升级后,服务器无法完成启动流程。

此时,恢复主板上 BMC 的固件版本后,服务器仍然无法恢复正常启动的状态。而一般的,因为 BMC 固件是一种软件代码,采取恢复 BMC 固件版本(软件代码)是可以将系统恢复至之前的状态,我们称为固件或软件版本的回退。

另外,此固件版本升级造成故障的现象是能够在其他主板复现的,仍然是服务器无法启动,同时回退 BMC 固件版本无效。

4.3.2 故障分析思路

对于服务器系统的上电启动问题,首要分析的技术问题是系统的上电时序问题,即系统上电过程中的电源、时钟、关键信号是否按照系统启动(Bring Up)要求的顺序进行。系统启动可以分为两个阶段,分别为 G3→S5 和 S5→S0(下文中计算机状态 G3、S5、S0 的描述,参考 3.3 节关于 ACPI 规范中的计算机状态的内容),抓取两个阶段中的电源、复位信号、相关时钟、关键状态信号的时序,并确保该时序流程与系统正常上电启动流程一致。

宏观来看,G3→S5、S5→S0 是计算机系统启动的两个典型阶段,其中 G3→S5 是从计算机未接入 220V AC 外部电源(主板上除了 CMOS 纽扣电池外没有其他供电电源的状态),到接入交流电,待机电源中工作的模块启动工作状态。在 S5 下,主板的监控单元,例如 BMC 已经被激活,主板的按键开关也处于待触发状态。另外,S5→S0 是指系统电源按键被触发以后,系统的供电电源逐渐全部打开,系统最后处于正常工作状态 S0。

另外还需要注意的是,固件升级对服务器系统的上电启动造成的影响。在系统的启动过程中,与启动相关的各固件模块(包含 BMC、CPLD、BIOS)存在关联与相互影响。其中,BMC 监控启动关键信号状态,驱动输出复位信号;CPLD 控制系统各电源上电,接入系统状态监控信号;BIOS 负责系统初始化,引导和加载操作系统。上述固件版本的相互协调可以笼统地称为固件版本匹配。

故障现象能够在其他系统主板上平行复现,且回退固件版本系统仍无法恢复正常的现象并不多见,需要研究。

4.3.3 故障排查及原理分析

按照故障分析思路,首先抓取系统上电过程中相关信号的时序,发现故障主板 G3→S5 过程的信号状态正常,复位信号驱动南桥(PCH)的 RSMRST♯(Resume Reset 信号引脚)后,南桥的状态信号异常,即系统在

S5→S0 的上电过程中出现异常。

通常情况下,回退到正常版本可以消除代码升级导致的故障,一般使用这个方法判断故障是否为软件故障。但是在本故障案例中,恢复 BMC 固件版本仍不能解除故障。此时,通常考虑恢复主板 CMOS,因为 CMOS 或保存一些异常参数而影响启动,但是发现恢复主板 CMOS 仍然未能消除故障。

至此,确认回退固件版本已无法消除故障,说明此案例并非一个独立的固件代码的问题,需要考虑硬件失效的情况,且故障(现象)与"BMC 升级"这个动作绑定。需要排查与"BMC 升级"动作相关的电路,图 4.9 所示为 BIOS 代码存储的相关电路。ROM 是存储计算机系统 BIOS 代码的空间,CPU 及芯片组需要从 ROM 中读取代码、加载、启动。在本案例的硬件系统中,ROM 通过 SPI 接口连接 BMC,这种设计的主要原因是 BMC 可以控制访问 ROM 的数据通路。例如在 S5 状态下,通过网络访问 BMC,并更新 ROM 中的 BIOS 代码,实现计算机系统固件的升级。另外,BMC 还包括连接 PCH 的 SPI 接口,且 BMC 可以控制图 4.9 中这两个 SPI 接口透传(Pass through),即 PCH 直接读取 ROM 中的 BIOS 启动计算机系统,而不受 BMC 干预。

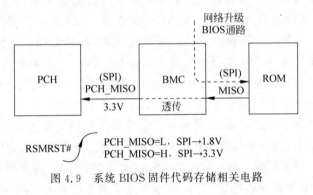

图 4.9　系统 BIOS 固件代码存储相关电路

如上文所述,这不是一个单纯的固件或软件代码故障。此时考虑从两方面进行故障排查,一方面核验主板上失效的模块,进行失效分析,找到故障位置;另一方面基于固件代码的差异性进行代码对比,找到正常与异常的 BMC 固件代码的差异,并进一步寻找故障的根本原因。

主板上芯片的失效分析中发现 PCH 失效,并且其 SPI 接口存在短时间配置在 1.8V 状态,而 PCH 的这部分接口外围电路是基于 3.3V 电压设计的,由于接口过压导致失效。同时将正常启动和升级出现故障的两个版本的 BMC 固件代码进行对比,发现上电启动时 I/O 配置的差异,出现故障的 BMC 代码在系统上电时处于透传状态,出现短时的 MISO 低电平,并将该状态透传至 PCH_MISO 引脚。研读 PCH 规格书上 SPI 接口的相关信号发现。PCH 在 RSMRST♯信号的上升(Rising)沿采样 PCH_MISO 信号的状态,并由此确定 PCH 中 BIOS SPI 相关信号的电平标准,包括如下两种状态:

(1) 在 RSMRST♯信号上升沿,采样到 PCH_MISO 信号为低电平时,SPI 接口为 LVCMOS_1.8V 逻辑。

(2) 在 RSMRST♯信号上升沿,采样到 PCH_MISO 信号为高电平时,SPI 接口为 LVCMOS_3.3V 逻辑。

另外 PCH 中的 PCH_MISO 引脚芯片内部包含默认上拉,即在无外接下拉的情况下,默认 SPI 接口为 LVCMOS_3.3V。而正常的 BMC 固件版本,上电时包含了透传状态的延迟,使系统在 RSMRST♯信号的上升沿,采集 PCH_MISO 引脚的默认上拉状态,相关的 SPI 接口配置在 LVCMOS_3.3V 逻辑状态。

本设计中的 BIOS 加载设计采用了 BMC 透传功能,BMC 版本升级后,PCH_MISO 在系统上电 RSMRST♯信号的上升边沿,透传了低电平状态,导致将 PCH SPI 的相关信号设置在 LVCMOS_1.8V 电平逻辑,而 SPI 电路设计均为 LVCMOS_3.3V,造成 PCH 芯片的 SPI 的相关电路过压,导致 PCH 失效而引发不可恢复的故障。

4.3.4　小结

随着芯片复杂度的提升,功能复用的引脚越来越多。其中启动过程中的约束引脚,错误配置或导致不可逆的损坏,板级硬件设计工程师需要特别小心。其中包含(并不限于下述情形):

(1) 某 CPU 芯片的一些工厂测试引脚,而芯片正常应用时作为约束引脚,例如作为核心、总线或内存的锁相环频率设置引脚。此类引脚电平状态缺省可能导致芯片无法启动,或无法调整锁相环频率,因锁相环无法倍频,时钟频率低,系统部分模块的功能处于最低性能状态。

(2) 启动方式或固件代码选择引脚。某种专用 SoC 通过约束引脚配置启动 Boot 代码方式,缺省或者设置错误可能导致系统无法加载 Boot Loader。

(3) 通信总线电平、带宽或类型的设置。例如默认设置为较低电压的状态,错误输入高电压标准,则可能导致芯片或功能模块过压损坏、击穿。

总之,约束引脚务必稳妥处理,与内存线路故障的严重性类似,对单板硬件造成致命影响,直接决定项目的成败。

第5章

MOS管与逻辑器件应用

随着集成电路技术的进步,芯片组集成了越来越多的电路模块,具有越来越多的功能,构成了数字电路板卡的骨架。相对于这种集成化趋势,在控制逻辑电路、芯片组与低速 I/O 接口互连电路等应用中,MOS 管与中规模逻辑器件仍然普遍存在。

相对于复杂功能的芯片组电路,MOS 管与中规模逻辑器件的功能单一,工程设计人员常常将其视为简单功能电路模块或低速电路,而其应用场景是丰富多样的,电路设计非常灵活,忽视其设计细节极易发生故障。从电路的设计角度讲,MOS 管与中规模逻辑器件的应用反映了硬件设计人员的基本功。

本章内容中的 MOS 管电路主要面向数字开关应用,5.1 节讲述一个典型的数字开关应用,而 MOS 管在模拟电路、开关电源、线性电源中广泛应用,且应用更复杂,本书未涉及这些方面的内容。5.2 节从 MOS 管在双向电平转换接口电路的应用谈起,讲述双向电平转换芯片和电路模块的常见问题和设计。

5.1 案例17——电容放电式引信发火药剂配制误差

MOS 管是硬件设计的基本单元,面向不同的应用场景,其关注的参数也不同,本节是 MOS 管在数字开关电路应用的案例。另外,本节案例故障分析采用误差分析理论,在这个过程中,需要"大胆假设,小心求证"。

5.1.1 项目背景及故障描述

电容放电式发火电路是一种电引信,其电路原理框图如图 5.1 所示。

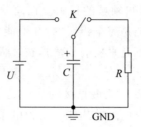

图 5.1 电容放电式引信原理框图

初始状态为单刀双掷开关 K 掷于左端闭合状态,此时电源和储能电容 C 形成回路,电源为储能电容充电,充电后,电容电压为 U。当开关 K 掷于右端闭合后,储能电容、开关 K、桥丝电阻 R 形成放电回路,桥丝电阻 R 一般是欧姆量级的电阻丝(4Ω、6Ω、12Ω 等),电容放电,电流经过桥丝电阻后,电能转化为热能,这是储能电容的放电过程。桥丝电阻发热触发涂抹在桥丝上的化学药剂,进而引信发火。以上是电引信发火的基本原理。

本案例中,引信的充、放电开关由 MOS 管实现,由数字逻辑器件控制 MOS 管开关,即为电子引信。电子引信的控制原理电路如图 5.2 所示。

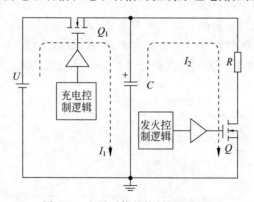

图 5.2 电子引信的控制原理框图

通过控制储能电容的充电、发火(放电)逻辑电路,实现储能电容充电和桥丝电阻发火两个过程。在储能电容充电过程中,MOS 管 Q_1 导通、Q_2 断开。储能电容放电,桥丝电阻发火的过程中,MOS 管 Q_1 断开、Q_2 导通。

配制涂抹在桥丝上的化学药剂需要计算电容放电的能量,电气工程师需要提供理论上 RC 放电电路的能量参数。

实验中发现,触发药剂的能量总是不足,导致药剂无法正常发火。

5.1.2 故障分析思路

故障排查过程是对未知领域的探索。正向分析的思路依赖感性认知、灵感或经验,但是思路可能是完全错误的,并不能寄希望总能通过一次分析找到问题的根本原因,那不是真实的故障排查过程,真实的过程或经历反复的假设和求证。

在这个案例中,对故障现象最直接的认识是电容值的误差影响了电容储能,最终影响转化为桥丝电阻的热能。因为电子元器件中,电阻阻值精度相对较高,电容容值精度相对较低。在数字电路板卡设计中,±1%误差精度的电阻是常见的,本设计中采用钽或者聚合物电容,容值误差为−20%～+10%。

当然,如果冷静地进行定性分析,会出现"如果电容容值的标称值设计合理,其误差正负波动,不会造成发火能量普遍(全部)不足"。但是在实际工程现场,故障排查的工作压力来临时,保持冷静并不是容易的事情。回忆2.1节案例,时钟输出频率普遍偏慢的故障现象,注意到如果设计参数的标称值是合理的,器件参数在正负误差范围波动,不会造成系统普遍趋于一致方向的错误。这是一项宝贵的经验。

回到本案例中,修正感性认识并保持冷静的方法之一是定量计算。需要计算理论上电容容值的误差能够带来多大的能量误差。

图 5.3 所示为储能电容放电示意图及 RC 放电曲线,其中储能电容容值为 C,电容的充电电压为 U_0,该储能电容 C 对电阻 R 放电,电流为 I。

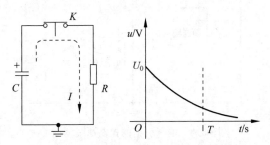

图 5.3　储能电容放电示意图及 RC 放电曲线

其中,关于等效串联阻抗(Equivalent Series Resistance)的问题在下文中叙述,暂时认为是理想电容,电容压降的方程是:

$$U(t) = U_0 \cdot e^{\left(\frac{-t}{\tau}\right)}, \quad \tau = RC$$

电容放电的能量全部转化为电阻 R 的热量 $Q(t)$。

$$Q(t) = \int_0^t (U(t)^2/R)\, \mathrm{d}t = \frac{U_0^2}{2} \cdot C \cdot \left(1 - \mathrm{e}^{\left(\frac{-2t}{\tau}\right)}\right), \quad \tau = RC$$

由电容放电的 RC 指数曲线可知,随着时间 $t \to \infty$,电容电压 $U \to 0$。一般截取一段有效的放电时间来计算电阻的热量。在本案例中,计算 $t = T$ 时,电阻 R 的热量为有效发热。

本次计算的最终目标是电容误差传递至能量公式 $Q(t)$ 中将产生多大的影响。所以,此时需要采用误差传递公式:

$$\Delta Q = \frac{\partial Q}{\partial C} \cdot \Delta C$$

在能量计算的公式中,充电电压 U_0、电阻 R、时间 T 都是固定值,只有电容误差传递。求解偏导数:

$$\frac{\partial Q}{\partial C} = \frac{U_0^2}{2} - \left[\frac{U_0^2}{2} \cdot \mathrm{e}^{\left(\frac{-2t}{RC}\right)} + \frac{U_0^2}{2} \cdot C \cdot \left(\frac{-2t}{R}\right) \cdot \left(\frac{-1}{C^2}\right) \cdot \mathrm{e}^{\left(\frac{-2t}{RC}\right)}\right]$$

整理得到:

$$\frac{\partial Q}{\partial C} = \frac{U_0^2}{2} - \frac{U_0^2}{2}\left[\mathrm{e}^{\left(\frac{-2t}{RC}\right)} + \left(\frac{2t}{RC}\right) \cdot \mathrm{e}^{\left(\frac{-2t}{RC}\right)}\right]$$

本案例中,截取电容放电的有效时间片段为 $t = T = 200\mu\mathrm{s}$,储能电容容值 $C = 33\mu\mathrm{F}$,桥丝电阻阻值 $R = 6\Omega$,(RC 参数近似等于 T),储能电容初始充电电压 $U_0 = 12\mathrm{V}$,将参数代入误差传递公式,近似得到:

$$\frac{\partial Q}{\partial C} = \frac{U_0^2}{2} \cdot (1 - 3\mathrm{e}^{-2})$$

代入误差传递公式:

$$\Delta Q = \frac{\partial Q}{\partial C} \cdot \Delta C = \frac{\partial Q}{\partial C} \cdot C \cdot \frac{\Delta C}{C}$$

将 $C = 33\mu\mathrm{F}$,$\frac{\Delta C}{C} = 10\%$ 代入上式,得到 $\Delta Q = 0.14‰$。

在上述参数的应用场景下,系统中容值误差为 $-20\% \sim +10\%$,传递到桥丝电阻发火的能量误差仅为 $-0.28‰ \sim 0.14‰$。

5.1.3　故障排查及原理分析

经过上文误差分析得出,放电电路中的容值误差不是药剂发火能量不足的原因,需要考虑电路中其他要素的影响。

一方面,在时间 $[0, T]$ 区间,RC 放电指数曲线与横坐标轴所包围的面积是桥丝电阻 R 的热量,热量与电压变化曲线形态息息相关;另一方面,储能电容的能量与电容电压值息息相关,所以要进一步核查两者电压变化曲线的情况。在试验中使用两个示波器探头分别抓取电容电压值变化曲线和桥丝电阻分压放电曲线,图 5.4 所示为 RC 放电回路测试点和测试波形图。对比图中①、②测试点的放电波形发现,测试点②的电压值会略低于测试点①的电压值。

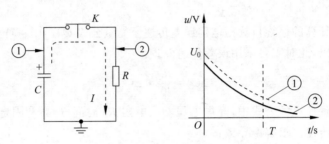

图 5.4 RC 放电回路测试点和测试波形图

进一步发现,在两个测试点间仅有 MOS 管元器件,分析认为 MOS 管导通阻抗 R_{dson} 对试验结果产生影响。

原来在配置药剂的计算模型中采用原型机验证电路,该原型系统采用 TO-262 封装(一种较大尺寸封装)的 MOS 进行验证,该 MOS 管的 R_{dson} 约为 $4m\Omega$,更换该 MOS 管进行验证,发现配制的药剂能够正常发火。而实际应用场景,使用 SOT-23(一种相对较小尺寸封装)封装 MOS 管,其 R_{dson} 约 $500m\Omega$,该 R_{dson} 阻值与 6Ω 桥丝电阻在放电过程中形成分压,造成试验结果与理论计算偏差大。将实际引信中 MOS 管漏极—源极导通电阻 R_{dson} 产生的分压影响代入计算后,配制药剂的发火能量正确,可以正常发火。

受到上述研究过程的启发,工程人员关注到电容的 ESR 同样会在 RC 放电回路中造成分压的影响。综上所述,RC 放电回路中,桥丝电阻 R 的分压电阻包括储能电容的等效串联电阻 R_{ESR} 和 MOS 管的等效导通电阻 R_{dson},RC 放电回路的等效电路图如图 5.5 所示。

一种解决方案是更换电容,聚合物电容相较于钽电容具很低的 ESR,并具备储能特性,更换聚合物电容可以解决因电容 ESR 分压而造成桥丝电阻发火能量不足的问题。另一种解决方案是将钽电容 ESR 的影响代

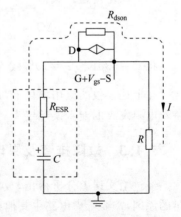

图 5.5 RC 放电回路的等效电路图

入桥丝电阻发火能量计算中,解决钽电容 ESR 对计算结果的影响。

5.1.4　小结

这个案例中,着重认识的是"大胆假设,小心求证",用科学计算结果克服主观偏见。

(1) 故障现象引导工程技术人员从误差中寻找根本原因。

(2) 分析电路中各元器件要素的精度误差,显而易见的影响误差是电容容值误差。

(3) 通过客观的分析和定量的计算,证明感性判断错误。

(4) 再次测试、分析电路中各元器件,最终找到问题的根本原因。

5.2　双向电平转换芯片误用导致控制逻辑错误

本节讲述双向电平转换电路的应用,讲述的方式不同于本书前面的故障案例章节。原因是与双向电平转换电路相关的问题较多,读者采用此类电路的目的是简化设计,但往往会引入更复杂的计算和麻烦。

1. 双向电平转换应用的误区

双向电平转换芯片的应用最大误区在于——非必要的使用。

一般地,"使能""触发""状态监测"等单向传输 I/O 接口,且存在电平转换需求的应用场合,使用单向驱动逻辑器件作为电平转换接口电路。此时若使用双向电平转换,会给电路设计带来不必要的计算。

相对于单向电平转换电路,双向电平转换是更复杂的一种设计,而非可以简单地连接、使用。

笔者设计的态度是"不确定即规避"。有些设计已是既成事实,或迫不得已,那只有面对这个问题了。

2. 本节内容

(1) 双向电平转换的原型电路。

(2) MOS 管到 GTL2003 的演进。

(3) 上拉电阻的陷阱。

(4) I^2C 接口电平转换 TCA9517/PCA9617。

5.2.1　NMOS 管原型应用分析

在本节概述部分,谈到了双向电平转换的误区在于"非必要使用"。双向电平转换的需求仍然是普遍存在的,例如,I²C 接口中,若总线的 Master(主机)和 Slave(从机)存在电平转换需求,其数据线接口即需要双向传输的电平转换电路。

图 5.6 是采用 NMOS 管实现双向电平转换的原型电路,目前仍在各类单板电路中应用。此电路模块的应用需要满足:

(1) VCC_D 是双向传输电平转换的高电压端,即 $VCC_D \geqslant VCC_S$。

(2) NMOS 管的源极与漏极间的寄生二极管发挥作用。

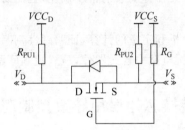

图 5.6　NMOS 管双向电平转换原理图

下面分析该电路的传输机理,见表 5.1。

表 5.1　NMOS(增强型)双向传输电平转换电路状态分析

传输方向/输入逻辑	MOS 管与寄生二极管 Diode 的工作状态
D→S; D 输入高电平逻辑 $V_{D\_input} = V_{DH}$	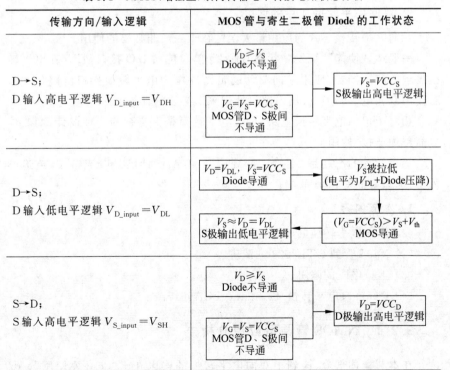
D→S; D 输入低电平逻辑 $V_{D\_input} = V_{DL}$	
S→D; S 输入高电平逻辑 $V_{S\_input} = V_{SH}$	

续表

传输方向/输入逻辑	MOS 管与寄生二极管 Diode 的工作状态
$S \rightarrow D$； S 输入低电平逻辑 $V_{S\_input} = V_{SL}$	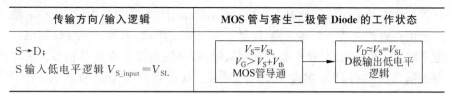

表 5.1 中的分析是 MOS 管双向电平转换电路正常应用的情形,同时也存在着挑战,例如,

图 5.6 中假设需求的电平转换电路中,MOS 管的栅极 G 和源极 S 的上拉电压 VCC_S 很低(例如小于 1V),导致在 S 端输入低电平逻辑时,仍不满足 $V_G - V_{SL} > V_{th}$ 这一开启条件(此时,$V_G - 0 < V_{th}$),MOS 管无法导通。最终 V_D 则不能跟随 V_S 输出低电平逻辑。

所以,该电平转换电路面对相对较低电平(1V 左右)的场景会受到制约;从另一个角度看,设计应用中的 MOS 管选型需要慎重,特别关注 V_{th} 等参数。

MOS 管作为电平转换的电路,在 1.8V、3.3V、5V 等电压间仍是广泛和可靠应用的。

5.2.2　芯片解决方案 GTL2003 系列

GTL2003 系列芯片是常见的双向电平解决方案,多家知名逻辑器件的半导体公司均包含该种型号产品,仅在支持最低电平的细节方面略有差异。GTL2003 的原理和 MOS 管电路是一致的。在 GTL2003 的实际应用中,主要的计算工作在于根据两侧电平,不同端接外部设备的驱动电流需求,需要依据手册推荐调整上拉电阻阻值。

5.2.3　慎重处理上、下拉电阻

基于电流源实现双向电平转换芯片的电路框图如图 5.7 所示,其两侧使用电流源实现驱动,芯片一般会标明不推荐使用上、下拉电阻。图 5.7 的框图中电流源的驱动能力是非常有限的,只有 μA 级。

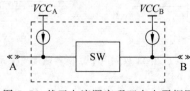

图 5.7　基于电流源实现双向电平框图

　　基于图腾柱驱动级的双向电平转换芯片电路框图如图 5.8 所示,其内部开关包含串接的阻抗。此时芯片两侧使用外部上、下拉电阻时,其外部电路电阻值是有约束的。具体来讲,配置外部上拉电阻时,需要注意接口输出低电平状态;相应地,配置外部下拉电阻时,需要注意输出高电平状态。芯片会根据自身设计情况推荐上、下拉阻值。这个推荐阻值相对较大(大于 $10k\Omega$),也就意味着芯片的驱动能力较低。

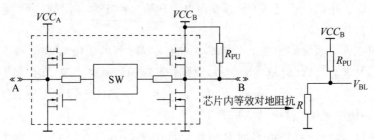

图 5.8　图腾柱驱动级的双向电平转换器框图

　　图 5.8 中,例如,B 端接口上拉。当 B 接口输出低电平时,相对芯片内部对地阻抗,R_{PU} 需要足够大,以保证 $V_{BL} \leqslant V_{OL}$。其中,

$$V_{BL} = R/(R + R_{PU})$$

5.2.4　I^2C 解决方案

1. MOS 及其相关方案

　　I^2C 接口电平转换是典型的双向电平转换需求场景,5.2.1 节中 NMOS 电路应用中阐述了其应用,但是受到转换电平的约束。使用 GTL2003 实现 I^2C 电平转换是可行的,需要关注两个电流参数,图 5.9 为电平转换芯片的两种驱动电流方向示意图,需注意:

　　(1)通过开关 SW 的电流,确保开关不能过流。

　　(2)驱动目标的电流需求,例如驱动常见 I^2C 外设 3mA 的电流需求。

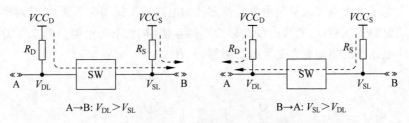

图 5.9　GTL2003 双向电平转换器驱动电流示意图

另外,需要计算兼容两种传输方向的上拉电阻,使 $V_{IL} > V_{OL}$。

2. TCA9517/PCA9617 解决方案

此类型产品也是常见的 I^2C 电平转换解决方案。需要注意的是,在其芯片的 B 侧具有 CMOS 缓冲环节,检测 B 侧输入的上升沿,此时 B 口电平保持在 0.5V 左右,并在内部先将 A 口拉低,经过一段延迟时间 t_{PLH} 再释放为高电平(具体内容可以查看参考文件中 TI 和 NXP 公司的技术手册)。TCA9517 的典型延时波形如图 5.10 所示,其 t_{PLH} 典型值为 140ns。

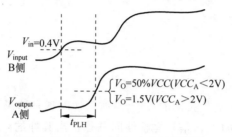

图 5.10 TCA9517 B to A 波形延迟

第6章

总线与高速信号

随着计算机和通信技术的演进,总线的速度越来越快。

从板级硬件角度看,信号完整性问题是首当其冲的。硬件工程师、互连工程师、信号完整性工程师、上下游产业链技术人员共同面对该设计问题。笔者认为板级高速信号已经具备非常完整的理论体系、研发流程、设计规范、经验积累、测试方法、材料、工艺及生产流程。在现阶段的数据中心和通信核心网产品中,单信道 25Gb/s 的信号链路是常见形态。

笔者认为还存在两方面的挑战:一方面是批量产品的长期稳定性问题。特别是在企业激烈竞争,不断对产品成本提升要求、降额迭代、压缩产品上市时间的背景下,继续保持系统的长期稳定性是具有技术门槛的。另一方面源于上游产业链产品的快速演进,上游产品可能存在综合性的、深埋的缺陷。这些缺陷可能不容易在常规的测试中暴露出来,甚至可能是在电源、时钟、板级 EMC、热设计等条件约束下才能够暴露的缺陷,处理不慎可能导致产品的失败。

除了上述硬件技术的挑战,从软件层面看,还包含复杂的总线协议。当一套系统出现总线链路故障时,需要各类专业人员协同作战。

6.1 案例1回顾——PCI 透明桥时钟延迟差异导致下游设备异常

总线的故障排查是软硬件综合科目,熟悉总线协议的同时,硬件"三板斧"的检查也必不可少。在本节回顾第1章描述的故障案例。

6.1.1　项目背景及故障描述

回顾案例1,故障见图6.1,距离控制器槽位较远的槽位存在板卡适配异常故障,细节的描述参考第1章,本节直接切入故障分析。

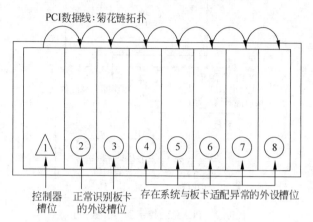

图 6.1　故障 PCI 机箱平台

6.1.2　故障分析思路

在第1章的分析中,排除了槽位供电差异的因素,原因是:

(1) 背板具有良好的电源通流平面。

(2) 采用交叉验证板卡、槽位的方法,确认故障现象不受负载功率的影响,复现故障需要同时满足异常板卡和异常槽位两个条件,缺一不可。

这是一个与 PCI 总线协议规范相关的案例,本机箱背板为 33MHz/32b PCI 总线,检查包括:

(1) 原理图连接关系的检查(多数板卡正常运行,原理图出错的概率低)。

(2) 平台总线电气规范的检查,例如走线的阻抗控制要求、等长要求、线路延迟要求等。

本案例中,搭载异常外设板卡的平台包含两部分电路模块:背板模块和控制器模块。PCI 总线由控制器上的透明桥扩展,图 6.2 是 PCI 总线控制器与背板的拓扑,此处需要做故障的分离,需要研究故障发生在哪一个或哪几个模块上,包括:

(1) 控制器存在故障。

(2) 机箱背板存在故障。

(3) 两者均存在故障。

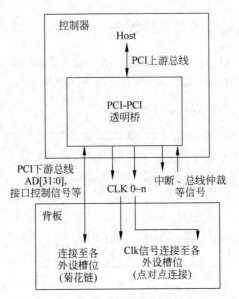

图 6.2　PCI 总线控制器与背板拓扑

　　如图 6.2 所示,PCI 总线拓扑中,其中 PCI 总线的数据/地址、接口控制信号等是以菊花链拓扑连接背板的各个槽位,时钟和总线仲裁信号为点对点连接(Peer to Peer)。

6.1.3　故障排查及原理分析

　　本案例中,首先使用"三板斧"做初步的故障排查。其次,对控制器与背板这两个平台要素进行故障分离试验。分离故障的思路与现象整理见表 6.1。

表 6.1　案例 1 的故障排查对比试验与现象整理

平台		外设板卡	是否出现故障(系统无法识别外设板卡)	备　　注
机箱(背板)	控制器(计算机)			
Ⅰ型	Ⅰ型	Ⅰ型	是(4-8 槽位)	案例故障,指定槽位出现
Ⅰ型	Ⅰ型	Ⅱ型,Ⅲ型	否	对比试验 1,平台不变,更换某些外设板卡,未出现故障
Ⅰ型	Ⅰ型	Ⅳ型	是(5-8 槽位)	对比试验 2,平台不变,更换某些外设板卡,指定槽位出现

续表

平台		外设板卡	是否出现故障（系统无法识别外设板卡）	备　注
机箱（背板）	控制器（计算机）			
Ⅱ型，Ⅲ型	Ⅰ型	Ⅰ型	是（某些槽位）	对比试验3,调整平台的一个变量要素,受限于机箱结构和供电接口,只能更换机箱试验。某些指定槽位出现
Ⅰ型	Ⅱ型,Ⅲ型	Ⅰ型	否	对比试验4,调整平台的一个变量要素,未出现故障
Ⅱ型	Ⅱ型	Ⅰ型,Ⅳ型	否	对比试验5,异常板卡更换平台,未出现故障

经过平台与多种板卡的多组对比试验,并对现象进行整理后发现:

(1) 某些外设板卡(异常板卡)是故障出现的一个因素。

(2) 平台中的控制器要素与故障出现相关。

通过对试验结果进行分析,认为:平台中控制器和异常外设板卡是故障出现的两个因素,故障与平台另一要素机箱(背板)相关性弱。另外因为背板主要基于无源线路,检查和问题分析可以主要考虑信号完整性问题,即电源平面、线路长度(损耗、时序)、阻抗控制等符合规范,这是从设计角度的故障排查。基于试验结果和设计复查,暂将背板对故障的影响置于较低优先级。

研究和测试的重点是控制器与故障板卡,因几种故障板卡是外购标准品(非自研产品),自研外设板卡反而未出现故障,研发人员只能先从研究控制器入手,外购产品的问题则需要其他途径进行技术沟通。

1. 时钟信号分析

针对总线故障再次研究分析 PCI 透明桥。

透明桥的时钟 Buffer 包含如下需求,其中时钟输出信号点对点(Peer to Peer)地连接至各外设槽,另外保留(任意)一路时钟反馈连接至 SCLK 引脚。图 6.3 所示为 PCI 总线透明桥的时钟信号框图。

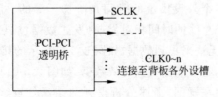

图 6.3　PCI 总线透明桥的时钟信号框图

研究该时钟拓扑时,发现 PCI 透明桥输出并驱动至各个外设槽位时钟线是等长的,长度约 8~10in。而控制器上透明桥自身的反馈时钟线路非常短,仅有几百 mil,因为透明桥的驱动输出和自身反馈时钟引脚同属于透明桥芯片(临近的两个引脚),PCB 线路做直接连接处理。而透明桥驱动时钟到外设槽接收端的线路较长,延迟较大,如图 6.4 所示。如果透明桥自身反馈时钟线路和驱动外设槽时钟线路等长,那么透明桥可以在接收到反馈时钟后,将数据驱动至数据总线上,补偿时钟线延迟带来的影响。PCI 总线时钟信号间 skew 规范要求＜2ns。

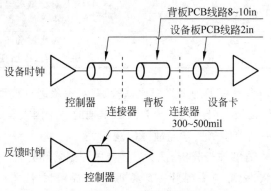

图 6.4 PCI 透明桥时钟线路拓扑

综合分析本案例中时钟与数据/地址总线配合的情况。透明桥下游发出数据与反馈时钟配合的时序关系,如图 6.5 所示。透明桥接收到自身反馈时钟后,将数据置于数据/地址总线上,因透明桥自身反馈时钟线路极短,忽略这个时钟在线路中传输的延迟(delay),而此时透明桥输出到外设槽的时钟边沿仍在线路中传输,意味着透明桥将数据置于总线的时间过早,若以一般的 FR4 板材中信号以 6in/ns 的传输速度估算,外设槽接收时钟沿与自身反馈时钟边沿的时间差已达到 ns 级(线路长度差距约 10in),发出数据是在第一拍时钟沿的动作。

外设槽的接收端是在第二拍时钟沿采样总线上数据的。透明桥输出至外设的时钟线等长,第二拍时钟是同时到达各个外设时钟接口的,而数据总线是菊花链,到达各个外设槽位的时间是阶梯不等的。因为透明桥的反馈时钟短,数据放置于总线的时间相对靠前(发送数据过早),逻辑上距离透明桥较近的槽位可能无法采集到数据,如图 6.5 中所示的接收设备 B。而距离透明桥较远的槽位,有可能捕捉到有效数据,如图 6.5 中所示的接收设备 A。

此时,读者会存在疑问,上述分析得到的结论是较远槽位采集到数据,较近槽位错过采样数据。而案例故障却是靠近控制器的外设板卡被有效识

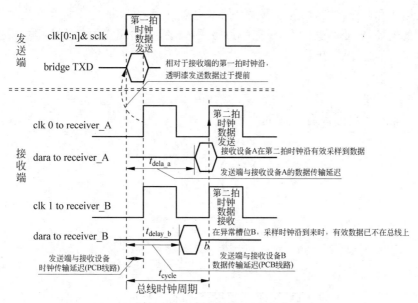

图 6.5　案例中 PCI 总线数据、时钟时序示意图

别,例如 2、3 槽位;远离控制器的外设板卡存在异常,例如 7、8 槽位。

　　原因与 PCI 总线的电气特性有关,PCI 总线是利用反射电平实现数据传输的,也就是在透明桥驱动端,总线的电平只驱动至最终接收端的 1/2,而在菊花链线路的末端,实现信号全反射,叠加反射后至接收端。PCI 总线信号电气特征及规范的时序约束如图 6.6 所示。

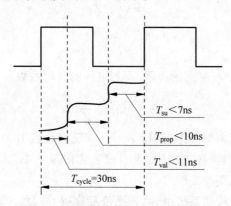

图 6.6　PCI 总线数据/时钟时序约束

　　此处补充一个信号线传输的理论知识,电磁波会在阻抗突变的界面发生反射,如图 6.7 所示,信号传输路径的两个阻抗区域阻抗分别为 Z_1 和 Z_2,在阻抗突变界面两侧的电压分别为 V_1 和 V_2,电流分别为 I_1 和 I_2,且满

足电压和电流连续,因为根据麦克斯韦电磁方程,突变的电压将会产生无穷大的电场,突变的电流将会产生无穷大的磁场,这在现实的工程应用场景中是不可能发生的,因此有

$$V_1 = V_2$$
$$I_1 = I_2$$

根据电磁波传输理论,可以得到。

$$V_1 = V_{inc} + V_{refl}$$
$$V_2 = V_{trans}$$
$$I_1 = I_{inc} - I_{refl}$$
$$I_2 = I_{trans}$$

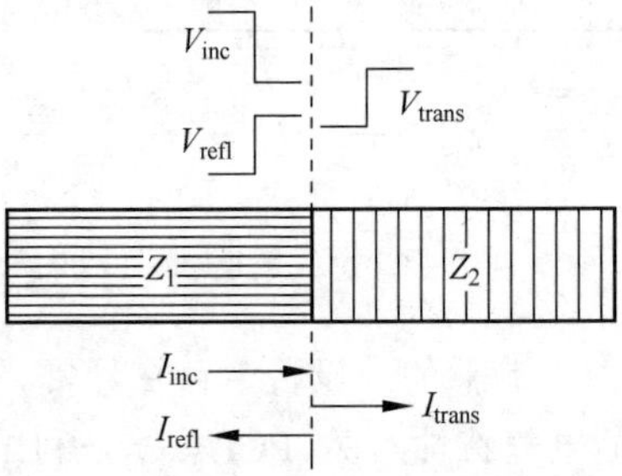

图 6.7　阻抗突变界面的电压与电流

根据欧姆定律,可以得到:

$$I_{inc} = V_{inc}/Z_1$$
$$I_{refl} = V_{refl}/Z_1$$
$$I_{trans} = V_{trans}/Z_2$$

整理得到 V_{refl} 与 V_{inc} 的关系,得到电压的反射系数:

$$\frac{V_{refl}}{V_{inc}} = \frac{Z_2 - Z_1}{Z_2 + Z_1}$$

当信号传输至末端开路时,即 $Z_2 \to \infty$,反射系数为 1,此时反射电压和入射电压的大小相等,极性相同,入射信号传输至末端后,总线信号的电平将达到入射信号电平的 2 倍。

在 8 槽机箱背板的系统中,第 8 槽位最靠近总线的末端,从利用反射信号传输数据的角度看,8 槽位是与控制器距离最近的槽位,2 槽位是实际距离控制器数据信号传输的最远槽位,这与槽位的物理位置恰恰相反。

另外,因为接收端芯片存在建立、保持时间的裕度差异,由此可以解释不同槽位、不同板卡适配的差异性。异常板卡与槽位置两个条件同时满足,

才能复现故障。

2. 故障根本原因的验证试验

设备传输至接收槽位的时钟和反馈接收时钟的 skew,导致数据发出的时机不符(超前),进而导致在信号传输距离较近的槽位,其时钟采样时,有效数据已经释放了总线。

验证该故障,设计如下实验:在控制器的 PCB 板上割断反馈时钟线,并采用同轴电缆做外接飞线,如图 6.8 所示,发现随着同轴线缆长度的增加,适配异常的板卡逐渐在 5~8 槽被正确识别。

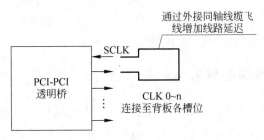

图 6.8 增加反馈时钟延迟试验

3. 故障修复

(1) 在控制器 PCB 上增加连接至反馈时钟的绕线长度,使其与背板时钟线路等长。

(2) 若绕线空间有限,考虑增加延时器件 DLL(延时锁相环)。

本案例中,通过增加连接至 SCLK 的绕线长度至 10in,故障排除。

6.2 案例18——两级 Buffer 与 PCIe 总线时钟噪声

PCI 总线出现已 30 余年,除了一些特殊行业仍在应用以外,计算机外设互联的 PCI 总线均已被 PCIe 总线所取代。6.1 节叙述的案例是 PCI 总线时钟与数据的关系。本节讲述 PCIe 总线时钟的一个案例。

6.2.1 项目背景及故障描述

本案例的系统由计算节点和 PCIe 外设卡组成,其时钟拓扑采用 PCIe Common Clock(共同时钟,简称 CC)模式,系统及其时钟拓扑如图 6.9 所示。

其中,计算节点主板包括一个 PCIe 时钟 Buffer,扇出 100MHz 时钟输出至 PCIe 外设卡槽(PCIe slot)。该系统的 PCIe 外设板卡上包含一颗 PCIe

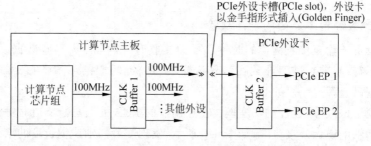

图 6.9 某计算节点与 PCIe 外设卡的时钟拓扑

时钟 Buffer，扇出 100MHz 时钟输出至板上 PCIe Endpoint。系统在执行 PCIe 数据压力测试时发现，PCIe 链路传输误码率高。

6.2.2 故障分析思路

随着 PCIe 总线链路传输速率的提升，各代总线规范对时钟的抖动要求提升。该 PCIe 信号链路使用了 Common Clock 拓扑，例如在 PCIe 3.0 规范中，约束了 Common Clock 拓扑下的时钟抖动(jitter)1.0ps RMS，其中 PLL BW(Band Width)为 2～4MHz 或 2～5MHz。

Buffer 的配置包括经过 PLL(锁相环)和 Bypass(旁路，不经过 PLL)两种模式，其中 PLL 模式会增加抖动，Bypass 模式配置增加传输延迟(delay)，相对于 PLL 模式配置，Bypass 模式的抖动很小，下文会分析延迟的本质同样是影响信号链路的时钟抖动。

在本案例系统 Common Clock 的时钟拓扑下，通过调整 Buffer 的 PLL 和 Bypass 两种配置，目标是使整个时钟链路的抖动符合 PCIe 规范约束。

6.2.3 故障排查及原理分析

1. PCIe 规范 Common Clock 拓扑抖动的计算

图 6.10 所示为 Common Clock 拓扑下，数据传输各环节框图及 PLL 的传递函数。PCIe 总线规范以二阶 PLL(高增益环路系统)模型推演运算，其 PLL 的闭环传递函数为：

$$H(s) = \frac{2\zeta\omega_n s + \omega_n^2}{s^2 + 2\zeta\omega_n s + \omega_n^2}$$

$H_1(s)$、$H_2(s)$ 传递函数模型均为此类型，参考 2.2 节中 Ⅱ 型锁相环闭环传递函数。

图 6.10 中的拓扑，其优势在于参考时钟 $X(s)$ 的抖动，受到 $H_1(s)$、

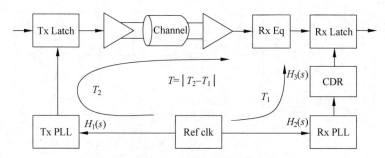

图 6.10 PCIe Common Clock 时钟链路框架图

$H_2(s)$ 两个锁相环的抑制。

不利因素在于链路的传输延迟会劣化抖动,其中链路延迟的传递函数是 e^{-sT}。PCIe 3.0 规范约束 $T < 12\text{ns}$。

图 6.10 中,时钟在两条传输链路上的抖动为:

$$X_{cc1}(s) = X(s) * [H_1(s) * e^{-sT} - H_2(s)] * H_3(s)$$

$$X_{cc2}(s) = X(s) * [H_2(s) * e^{-sT} - H_1(s)] * H_3(s)$$

其中 $\text{MAX}[X_{cc1}(s), X_{cc2}(s)]$ 为抖动的峰值。

2. Buffer 的 PLL 与 Bypass 模式的噪声与延迟

回到本案例的系统中,前文所述 PCIe 时钟 Buffer 包括两种配置模式,PLL 和 Bypass,其中:

PLL 模式能够有效降低延时间至 ps 级别,但是会引入抖动(一般地,伴随 PCIe 总线的演进,时钟源或 Buffer 产品与各代 PCIe 总线匹配。例如满足 PCIe 4.0 的产品,抖动参数相较于 PCIe 3.0 所对应的产品更严格)。

Bypass 模式的抖动极低,最新支持 PCIe 4.0 规范的时钟 Buffer 抖动仅几十飞秒均方根(RMS),同时约有几纳秒的延迟。

因此,需要对案例中系统两级 Buffer 的设置进行综合评估,使抖动处于规范约束要求的指标内。图 6.9 中的系统模型可以等效成图 6.11 中的两级 Buffer 配置模型,考虑计算节点作为发送端,PCIe 外设卡作为接收端的情形。计算节点使用了一颗适配 PCIe 4.0 规范的时钟 Buffer(性能参数比满足 PCIe 3.0 规范的 Buffer 更好),其设置为 Bypass 模式,延迟参数的最大值为 3.3ns。而外设卡上的 Buffer 2 参数仅满足 PCIe 3.0 规范,综合考虑整个时钟链路,PCIe 外设卡 Buffer 2 的抖动则用尽了全链路的抖动参数裕度。

因此,考虑修改 Buffer 2 配置为 Bypass 模式,修改 Buffer 2 配置后的系统时钟模型如图 6.12 所示,同时需要计算全链路的延迟,并进行评估,计算全链路延迟满足规范要求(小于 12ns)。

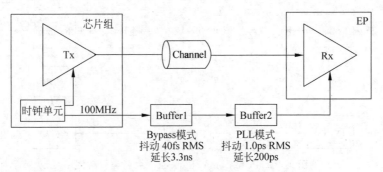

图 6.11　两级 Buffer 默认设置

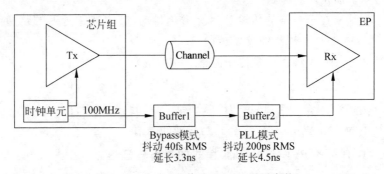

图 6.12　Buffer 2 修改 Bypass 设置参数

然后进行数据链路压力测试,误码率通过,故障排除。

6.3　案例 19——BMC 对服务器系统"一键收集日志"引发告警

总线是系统通信和控制的路径,故障排查分析涉及系统多模块及软硬件协同等内容,本节讲述一个涉及系统诸模块功能拆解和总线协议分析的低速总线案例。

6.3.1　项目背景及故障描述

此案例与 BMC 相关,先介绍 BMC 的一般功能,再介绍故障案例的背景。

1. BMC 简介

BMC 是 Baseboard Management Controller 的简称,一般是采用基于

ARM 的微控制器对服务器平台的硬件状态进行监控的系统。在服务器的主板上,它的物理形态是一套软硬件组合的嵌入式系统。

下面基于图 6.13 所示的服务器计算节点系统架构,使读者初步了解服务器与 BMC 的关系,以及 BMC 的一般用途,此处请读者注意,图 6.13 中所述服务器和 BMC 的架构与本故障案例中的系统架构不同,其 BMC 模块包括:

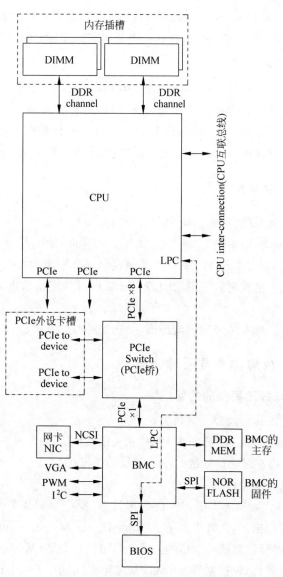

图 6.13 某种计算节点系统架构

- BMC 嵌入式系统运行的主存(DDR SDRAM),存储固件的 NOR Flash。
- 输出显示接口 VGA,通信串口等。
- 多个 PWM(Pulse Width Modulation,脉冲宽度调制)总线接口用于控制风扇,多个 I^2C 接口用于温度电压监控,VRM(Voltage Regulator Module,电压调节模组)控制等。
- NCSI(Network Controller Sideband Interface)接口用于带外管理。
- LPC Bus(Low Pin Count Bus)接口可以用于 CPU 加载 BIOS。

BMC 的核心功能仍是对服务器主板的状态监控和电源、温度控制等。

2. 故障描述

本故障发生在通过远程登录界面操作 BMC 对服务器进行"一键日志收集"时,从服务器状态和收集日志报告中发现,内存会降频(触发 CPU 对内存控制器的降频控制信号,即 MEM. Throttle)。一般情况下,这是 CPU 对内存过热的一种保护功能。事实上,内存的物理状态并未出现过热。

6.3.2 故障分析思路

对于计算机系统,功能模块间存在错综复杂的关系。BMC 收集日志的动作和内存降频几乎是不相关的事件,一般的 CPU 接收到内存过热(Memory Hot,MEM_HOT)信号才会触发内存降频事件,而内存过热信号是主板上负责上电控制和逻辑功能的 CPLD 经过处理后发出的,BMC 并不能直接干预。

因此需要从触发信号的逻辑逆推,寻找故障的触发根源。

6.3.3 故障排查及原理分析

1. 研究与故障相关的功能模块

对功能模块进行故障分离研究,分为:

(1)"一键收集日志"操作中 BMC 相关模块功能。

(2)触发内存过热信号的 CPLD 逻辑功能模块。

发现的异常现象包括:

(1) BMC 代码检查发现,"一键收集日志"操作会对其多个 I^2C 总线下的设备"点名(扫描)",在其中一条 PMBus(Power Management Bus,电源管理总线,后文解释该总线与 I^2C 的关系)中,总线控制器(Master,即 BMC)扫描总线下从设备(电源控制器 VRM),发现异常"增加"了一个设备。即总线下只有 6 个物理 I^2C 从设备(地址),但是"点名"扫描出了 7 个 I^2C 地址(即 7

个设备应答)。这是案例的疑点之一。

（2）在"一键收集日志"操作发生故障时,检查 CPLD 信息发现触发了 MEM_HOT 信号。而在触发 MEM_HOT 信号的逻辑中,除了器件过热信号（MEM_VR_HOT）外,还包含电源控制器告警信号（PMBus_Alert）。图 6.14 为 MEM_HOT 信号相关的组合逻辑框图。

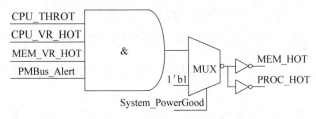

图 6.14　内存过热告警组合逻辑框图

2. 缩小故障相关模块的范围

试验发现两个异常问题疑点均指向 PMBus 总线,所以考虑屏蔽 CPLD 逻辑中其他器件的过热信号（排除图 6.14 中 CPU_THROT、CPU_VR_HOT、MEM_VR_HOT 的影响）。发现"一键收集日志"操作导致 PMBus_Alert 信号被拉低,最终导致 CPLD 逻辑 MEM_HOT 被拉低,其表现为内存过热信号 MEM_HOT 生效,触发原因并非图 6.14 中的 MEM_VR_HOT（内存电源过热告警）。

3. 异常点之间的联系

"点名"动作出现异常,PMBus_Alert 信号被拉低出现告警异常。需要研究这些异常点（疑点）之间的关联。

（1）"点名"扫描的 I^2C 从设备中,哪些设备异常响应,导致应答设备"增加"。

（2）"点名"扫描中哪些设备拉低 PMBus_Alert 信号。

通过"点名"找到异常"增加"的地址为 0x0C；并逐路断开各 I^2C 从设备,找到异常响应的 VRM,该 VRM 与异常地址响应故障绑定（断开该 VRM 的 I^2C 链路,故障消失）。如图 6.15 所示为 BMC 的 I^2C 总线、从外设以及异常设备的拓扑关系。图中 I^2C 设备地址（含异常增加的"设备"）均为 7 位,其中 6 片 VRM 设备地址与设计相等。

4. 故障机理分析

分析 PMBus 总线协议,PMBus 总线是基于 SMBus 1.1（System Management Bus,系统管理总线）总线协议的电源管理总线,而 SMBus 总线

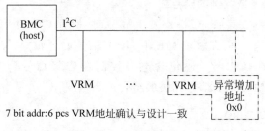

图 6.15   I²C 扫描异常设备与地址

的物理层和协议层大部分继承自 I²C 总线,BMC 软件程序直接按照 I²C 协议处理。

而在 PMBus 总线协议中,0x0C 是 PMBus 总线的一个广播地址,其典型用例的流程如图 6.16 所示。

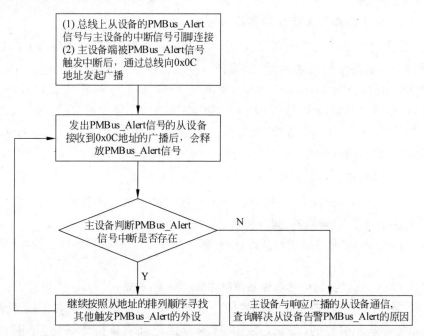

图 6.16   PMBus 总线告警故障轮询流程

案例中关于 PMBus 的两个注意事项包括:

(1) PMBus 总线协议是一个开放性协议,即符合 PMBus 总线协议的器件可以是协议规范的子集。允许不支持通过 0x0C 广播地址查询告警(PMBus_Alert)功能。

(2) PMBus 协议中 0x0C 是一个"只读"地址,不允许对支持该功能设备的广播地址 0x0C 进行"写"操作,否则会异常报错。

5. 故障的根本原因

案例中的 PMBus 总线设备中,存在一颗"点名"操作出现异常的设备,它支持通过 0x0C 地址广播查询告警功能。

"点名"操作所采用的方式是轮询"写"128 个 7 位地址,并查看总线应答状态。即主机端(Host)发起 0x00~0xFE(此处包含 128 个地址,由 7 位 I^2C 地址+0 生成,全部为"写"动作),并查看 ACK 应答。

当 Host 端对支持广播地址的设备发出 0x18(0x0001_1000,即 7 位地址 0x0C+"/W")"写"动作时,触发了"写"该设备广播地址的异常状态,该设备异常拉低 PMBus_Alert 信号,上报告警,进而导致系统一系列异常状态,包括:

(1) 增加一个不存在的设备(地址)的应答。

(2) 告警信号 PMBus_Alert 被拉低。

(3) 告警信号 PMBus_Alert 通过逻辑异常触发内存过热告警信号。

图 6.17 呈现了该错误流程发生的过程。

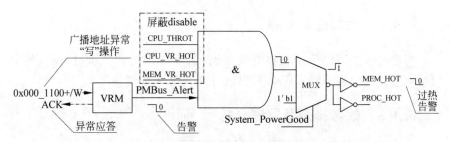

图 6.17　过热告警异常信号错误触发全流程

确认了故障根因,去除该总线上特殊地址的操作,故障解除。

6.4　案例 20——网络变压器供电连接错误导致网络故障

以太网是最常见的计算机和通信设备互联总线之一,所涉及的内容已经不是一两本专著能够涵盖的,网络已成为专门的行业和学科。

本节抛砖引玉,讲述三种千兆网中常见的错误,包括 RGMII(Reduced Gigabit Media Independent Interface,精简吉比特介质独立接口)时序、网络变压器接口,10/100M 以太网线缆。

6.4.1 项目背景及故障描述

本案例中,该项目应用了一款 RGMII 接口的物理层(PHY)芯片作为以太网物理层功能模块,并通过 RGMII 连接 MAC(Media Access Control,介质访问控制层)。原理样机调试阶段发现在 OS(Operation System,操作系统)中能够发现网络控制器 MAC 层设备,但是网络无法连通。图 6.18 为网络 MAC 与 PHY 层框图及 RGMII 接口信号。

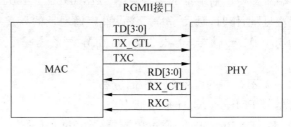

图 6.18　MAC 与 PHY 的 RGMII 接口

6.4.2 故障分析思路

网络传输中,MAC 层能够有效识别,执行环回测试(Loopback),如果 MAC 层自环回通信通畅,应检查 PHY 芯片的相关配置。

6.4.3 故障排查及原理分析

1. RGMII 接口 TX/RX 的时钟延迟配置

这是一个涉及 RGMII 接口布线约束的问题,RGMII 进行千兆网传输时,时钟频率为 125MHz。在传输过程中,TX 信号组(含 TD[3:0],TX_CTL,TXC)中的时钟信号 TXC 需要相对组内的数据信号 TD[3:0]与控制信号 TX_CTL 延迟。RX 信号组(含 RD、RX_CTL、RXC)中的时钟信号 RXC 需要相对组内的数据信号 RD[3:0]与控制信号 RX_CTL 延迟。这些时钟的延迟动作,目的是在信号的接收端接收信号时,时钟边沿与数据信号的中心对齐,采集到稳定的数据。此延迟可以通过两种方式实现,一种是通过 PCB 走线延迟,另一种是采用芯片内部时钟延迟。图 6.19 为 TX 信号组采用内部时钟延迟(Internal Delay)的示意图,RX 信号组与此类似。

对于上述两种延迟方式,为 PCB 布线方便,大多采用 PHY 芯片内配置方式增加延时时间。因为按照常用微带线延时时间估计,FR4 板材传输速率为 6in/ns。时钟相对数据线增加 2ns 延迟,采用蛇形走线会占据宝贵的

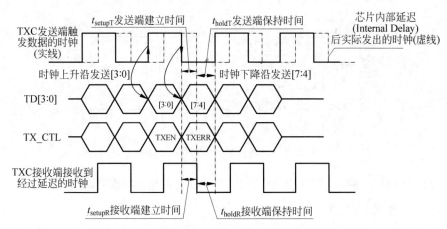

图 6.19　RGMII 接口中 Clock 信号的内部延迟示意图

PCB 空间。

　　而 PHY 芯片内部配置时钟延迟的方式中，有的 PHY 芯片已经默认包含此设置，有的则需要通过约束引脚（Strap Pin）进行配置。所以需要核验此处的 PCB 设计与芯片配置，目标是满足规范要求的数据与时钟的相位关系。

2. PHY 芯片模块电路与 RJ45 接口

　　悉心检查并测量 PHY 芯片的供电、时钟，以及芯片延时配置，没有发现 PHY 芯片相关电路模块设计和配置的异常。在 MAC 和 PHY 层都未检查出异常的情况下，只有向以太网接口端排查，这部分主要包括网络变压器和连接器，其中网络变压器中性抽头的连接方式也是常见误区。

　　PHY 芯片与 RJ45 接口物理实现是模数转换器（Analog to Digital Converter，ADC）和数模转换器（Digital to Analog Converter，DAC），即网线中传输模拟信号，在 PHY 芯片中转化为数字信号。在 DAC 的驱动模式上，存在电流驱动型和电压驱动型两种。

　　图 6.20 是网络变压器内部结构示意图，其中 PHY 侧即连接 PHY 芯片，Cable 侧即连接 RJ45 接口并接入网线。

　　若 PHY 芯片为电压驱动型，则网络变压器的中性点不需要供电，一般通过 $0.1\mu F$ 电容耦合接地即可，即图 6.20 中的 VCC 通过交流耦合电容接地。若 PHY 芯片为电流驱动型，则网络变压器的中性点需要供电，即图 6.20 中 VCC 需要接电源。

　　该 PHY 芯片手册对驱动类型没有清晰描述，网络变压器硬件连接采用电压型驱动 PHY 的连接方式，即 VCC 交流耦合接地。调试中，将 VCC 供

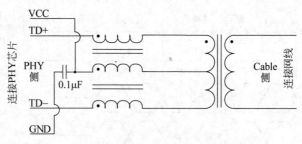

图 6.20　一种网络变压器接线示意图

给 3.3V 电平,网络连通,故障解除,说明 PHY 芯片是电流驱动型接口。

3. 百兆以太网

对于 10M、100M 以太网接入 1000M 以太网时,千兆网的网络端接口是自适应的,对 MDI[3:0]的交叉或直接线缆连接无特殊要求,目前的 CAT 5+及以上级别的网线均为直连网线。

对于 10M、100M 网络需额外注意。10M、100M 网络间接口通信,需要使用 Tx 与 Rx 的交叉网线。偶尔面向 10M、100M 间网络通信嵌入式应用时,注意网线需要如图 6.21 连接。

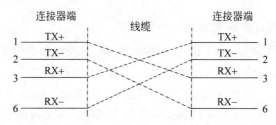

图 6.21　100 BASE-TX 线缆连接示意图

6.5　案例 21——高速总线交流耦合电容值过小致总线传输误码率升高

高速串行总线是现阶段高端硬件产品主流的通信链路,本节讲述通过软硬件分离和比较测试方案差异的方法,最终寻找硬件故障的根本原因等高速链路调试和测试方案。

6.5.1　项目背景及故障描述

本案例背景是自研兼容多通信协议传输芯片组的应用,原系统链路协议采用 PRBS11 测试(Pseudo Random Binary Sequence,伪随机二进制序列),误码率符合规范要求。

随着系统需求变更,兼容新的通信协议。信号的传输速率无提升,但变更协议采用 PRBS31 测试,发现传输误码率升高,超出协议规范要求。

6.5.2　故障分析思路

项目涉及传输协议的变更,从系统角度进行故障排查,应做两方面的考虑,并进行测试,包括:

(1) 通信链路两端自研芯片组是否能够较好的兼容变更协议。一般的,传输链路芯片均包含环回功能(Loopback),通过芯片的自环回功能(排除硬件链路因素的干扰),检查通信链路两端的芯片支持新协议的能力。

(2) 硬件传输链路是否能够支持新协议,包括传输线的参数和链路相关元件。

6.5.3　故障排查及原理分析

1. 芯片环回测试

根据故障分析思路中的两项测试,首先采用 PRBS31 在传输芯片组两侧分别进行环回测试,主要验证芯片对升级协议的支持情况。测试误码率符合规范要求。图 6.22 为交换芯片两侧分别"内环回"示意图。

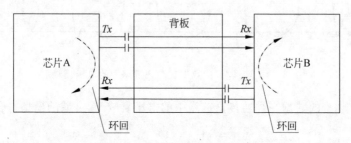

图 6.22　芯片组环回测试示意图

2. 硬件链路分析

根据系统链路的硬件状态进行信号完整性仿真,发现该链路对低频信号的插入损耗超标,主要原因是交流耦合电容值过小。

仿真的结果与对 PRBS 两种码型的分析是一致的,两种码型的多项式如下:

$$\text{PRBS11} = x^{11} + x^{9} + 1$$

$$PRBS31 = x^{31} + x^{28} + 1$$

采用不同的 PRBS 码型进行测试，差异是显而易见的，PRBS31 包含更丰富的低频频谱，测试更严格。直观地讲，协议中"连续 0、连续 1"的码数更长。

3. 交流耦合电容值

传输链路单端的物理模型可以等效为图 6.23 的形态，其中 C 为交流耦合电容，R 等效为单端对地阻抗 50ohm。

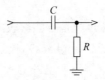

图 6.23　单端信号等效模型图

这个单端传输链路是一个高通滤波器模型，其交流耦合电容容值会影响传输信号频谱中的低频成分。图 6.24 所示为连续"1"的数据的电平在多个时钟中逐渐衰减。

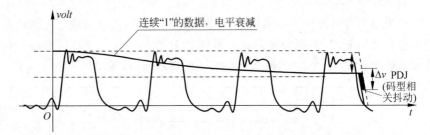

图 6.24　连续"1"的数据在高通链路中的电压衰减

连续"1"的数据在高通传输链路中的电压衰减，其衰减的模型符合：

$$v(t) = V_\infty - (V_\infty - V_{0^+}) e^{\frac{-t}{\tau}}; \quad \tau = RC$$

设初始电压为码型"0"与"1"的中间值，得到该微分方程的解，电压衰减 Δv。

$$\Delta v = 0.5 \cdot V_p (1 - e^{\frac{-t}{\tau}})$$

衰减电压需要根据协议中波形的"高"判定，经验公式中给出了衰减小于 0.25dB，即

$$\Delta v / V_p = 6\%$$

代入电压衰减微分方程的解，得到

$$\tau = 7.8 \cdot t$$

对于 NRZ(Non Return Zero Code,非归零码)码型而言,传输 1 位数据的时间为 T_{bit},数据协议中连续"1"的位数为 n(例如 PRBS31 中最多 31 个连续"1"),得到

$$RC = 7.8 \cdot T_{bit} \cdot n$$

至此,可以通过协议数据传输速率和协议连续码型"1"的个数,确定交流耦合电容值。

4. 码型相关抖动(Pattern Dependent Jitter,PDJ)

由于连续码型产生电压跌落,进而与理想数据边沿产生偏差为码型相关抖动(PDJ),图 6.25 展示了电平衰减形成的码型和正常码型差异而产生的 PDJ。

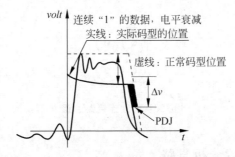

图 6.25 连续"1"数据的码型相关抖动示意图

假设两种码型 t_{rise}/t_{fall} 的斜率一致,近似的计算公式为

$$PDJ = \frac{\Delta v}{\tan\theta}$$

$$\tan\theta = \frac{(20 \sim 80\%)V_p}{t_{rise}}$$

再确定交流耦合电容值 C,得到 Δv,即可确定码型相关抖动。

6.5.4 小结

(1)交流耦合电容容性参数会抑制数据链路传输的低频属性。

(2)电容在一定的频点呈现感性特征,选择耦合电容还需要综合考量。

(3)本文阐述了 PDJ 产生的原理,复杂的链路参数宜采用计算机仿真计算。

6.6 案例22——射频连接器的串扰导致链路信号误码

高速信号测试、信号完整性理论是不可或缺的,本节进一步讲述信号完整性相关的案例。

6.6.1 项目背景及故障描述

本案例中,系统前端数据接口为四条同轴线缆共同接入一种四合一的射频连接器,如图 6.26 所示。在调试中发现,系统四路数据同时接入时具有较高的误码率,并产生不可纠正的错误帧(Uncorrectable Frames)。若将多路数据传输调整为单路数据接入,或降低信号传输速率,数据的误码率都会有明显的改善。

图 6.26 射频连接器示意图

6.6.2 故障分析思路

系统信道中传输的数据速率符合协议信道规范要求,且误码率与数据速率绑定,传输链路的物理参数应优先予以检查。因为信号传输链路可以视作系统传递函数,图 6.27 所示为传输链路的抽象传递函数。信号在高、低频段的表现差异是故障排查的切入点,从信号完整性角度,需要对信号链路的插入损耗和串扰予以研究。

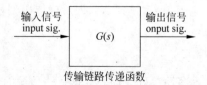

图 6.27 信道传输链路传递函数示意图

从系统角度看,较高数据传输速率,即伴随数据量的增加,数据链路的存储空间、时序关系、软件处理是否存在异常。在故障的排查中,除了硬件信号完整性的研究,对系统架构和软件处理也需要保持警惕。

6.6.3　故障排查及原理分析

1. 信号完整性仿真与分析

再次检视项目硬件设计,并进行信号完整性的后仿真,发现:

(1) 信号传输链路的插入损耗存在较大裕度。

(2) 信号链路间串扰在基频 2.3～2.5GHz 间出现较大凹陷。图 6.28 所示为信道间串扰的 S 参数图。

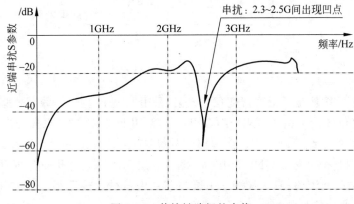

图 6.28　传输链路间的串扰

对于 6Gb/s 的传输信号而言,该信号链路间的串扰凹陷会在其频谱 4.6～5Gb/s 的范围产生较大损耗,进而产生误码(此处注意基频和码率的关系,NRZ 传输速率为 6Gb/s,基频为 3GHz)。基于此原因,也能够解释信号速率降至 3Gb/s 后,信号的误码率有较大的改善。

2. 故障的根本原因

分析该信号链路,其线路拓扑与参考平面叠层如图 6.29 所示。

信号路由为连接器→底层(BOTTOM.10)→信号内层(SIG.5)→表层(TOP.1)→交流耦合电容→芯片,在信号传输链路中出现两处严重的信号完整性问题。

(1) 连接器仅有一层接地,造成连接器信号引脚在 PCB 板 3 层～ BOTTOM 层失去参考平面,这也是连接器信号间串扰的主要原因。连接器这样进行接地处理的原因是连接器的固定引脚(接地引脚)如果多层接地,散热快,基于 DFM(可制造性)的要求,一般需要减少若干层接地,以确保波峰焊接质量。可制造性和信号完整性需要综合评估,实现均衡两方面需求的方案。

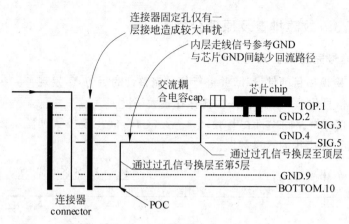

图 6.29　信号传输链路叠层

（2）该案例是一个高密度互联方案，采用二次压合技术，线路密集，芯片的 GND 仅连接至相邻 GND 层（GND.2），使用上述 GND 的盲孔是为 SIG.3 层中其他的走线提供空间。而内层信号（SIG.5）的参考平面是 GND.4 层，检查发现整个电路板 GND.4 层与 GND.2 层间的连通过孔非常少，即造成 SIG.5 层的回流路径——GND.4 层与芯片中信号回流路径——GND.2 层远，同样造成信号完整性问题。

3. 故障修复

将案例的硬件 PCB 进行重新规划，连接器采用热风焊盘，连接多个参考 GND 平面，减小串扰。同时增加 GND 平面之间的连通，给予信号良好的回流路径，仿真结果良好，经实际应用验证消除了该信号完整性问题。

第7章

测试计量与系统

规划系统方案,设计原理电路,联合 PCB 工程师与 PI、SI 工程师完成板级设计,协同供应链整合物料清单,配合 NPI(New Product Input,新产品导入)和工艺组织生产,完成电气功能测试,参与 PI、SI 验证,调试并找到设计缺陷、排除故障,优化系统转产……。

硬件工程师不应是一位仅能熟练使用 AutoCAD 工具连接互联器件引脚的"连连看"工程师,在高端制造业中,其角色定位应当是"中场的攻防组织者"或部队的"参谋长"。

在高端制造业中,硬件工程师的系统视野是不可或缺的。同时测试计量技术又是高端制造业的支撑与保障,本章讲解两个仪器信号链的案例,全面认识测试、仪器仪表、系统。

仪器信号链包括传感器、二次仪表(调理电路)、模/数转换器、处理器或微控制器、存储器、通信接口等。这些内容也恰是测试计量技术中的信号链。

7.1 案例 23——采样策略与存储器深度关联导致信号异常滤波

从事高端制造行业首先需要对测试计量技术有深入的理解。现实情况是许多人在常规测试或故障排查中,测试的思想和方法本身即存在问题,使用"错误"的结果进行后续的推演是"南辕北辙"。另外测量仪器的研发需要站在系统的角度审视软硬件技术,具有很强的综合性技能要求。本节案例是一套专用系统出现的故障,针对故障的根本原因"举一反三"后,再解读一个常见的误区。

7.1.1　项目背景及故障描述

本案例基于一套数据采集系统,包含数据的实时输出和存储功能。采集的是加速度数据,其中感兴趣的频谱段约为几百千赫至几兆赫,数据采集系统的信号链框图如图 7.1 所示。

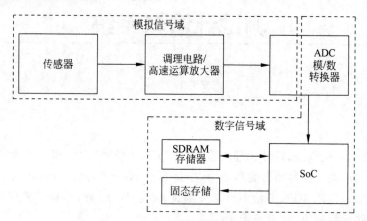

图 7.1　某数据采集系统的信号链

采集到的数据进行傅里叶变换后进行频谱分析,发现在 300kHz 信号频谱开始明显衰减,呈现信号被滤波处理的形态,导致无法对信号的感兴趣频段进行分析。

7.1.2　故障分析思路

从系统信号链路各环节来看,每个环节都可以视作一个滤波器。在传输链路中,兆赫级的信号被滤波,需要关注每个环节的频谱带宽是否足够。这些环节包括:

传感器:传感器是将自然界各种信号转化为电信号的装置,其特性与被度量的物理量是否匹配是需要关注的。一般的静态参数包含量程、精度、线性度、迟滞等,动态参数则关注其频率响应。例如测量物体倾角、车辆运动的加速度传感器,其工作频带从近似于静态至十几赫兹,MEMS 传感器或压阻式加速度传感器都可以胜任。而对于火炮膛压的加速度测试,从频域角度看,感兴趣频段为几百千赫至几兆赫,从时域角度看,膛压的上升沿或是 μs 级,结合其量程和使用环境,需要使用压电式加速度传感器。而压阻式传感器原理是应用质量块和悬臂梁等的力学特性,质量块的惯性决定它难以跟踪 μs 级边沿信号的频率响应。

二次仪表：调理电路一般以运算放大器为核心，与案例中频带相关的重要参数是压摆率（针对大幅度信号变化）和增益带宽积（针对小信号变化）。

数模转换器：ADC 的速度同实现原理是息息相关的，基于上文所述的工作频带，并兼顾精度要求，在 ADC 的选型中，SAR 型、流水线型、Σ-Δ 型 ADC 可能存在合适的备选产品。响应速度不足的 ADC，工作频率是无法满足要求的。

上述内容是仪器硬件设计中模拟电路部分的基本要求。

7.1.3 故障排查及原理分析

对数据采集信号链硬件设计人员而言，厘清模拟信号链路的频域带宽特性是基本功。故障排查分析阶段应再次复核各个环节的频带的选择和设计是合理的，没有检查出异常，这个结果是符合预期的。若此类错误发生，对信号链硬件设计人员而言是技术型缺陷。

因此排查故障的角度需要从系统的整体处理流程、软硬结合的接口处入手，因为这涉及多科目技术内容，存在沟通不畅，技术人员"跨界"，处理陌生技术领域问题的情况。常规技术检查是基础，检查粗心大意的错误。深层次的故障排查还需要开阔思路。

思考系统数据处理流程，发现系统的应用配置出现问题。该嵌入式计算机测试系统的应用，对设备的体积、功耗都有严格约束，作为缓存的 SDRAM 存储器的深度也是有限的。本系统所面向的测试过程仅有几十毫秒的有效数据。

测试过程设置：ADC 采样精度为 14b，采样频率 2MHz，采样时间为 5s。

数据量＝采样精度×采样频率×采样时间

数据量＝$14b \times (2 \times 10^6)Hz \times 5s = 140Mb = 17.5MB$

针对此应用该系统只保留了 32MB 的数据缓冲区，因为感兴趣信号的测试过程是几百毫秒内即可完成。ADC 输出的数据以 16b(2B) 格式填充（舍去无效的 2b 位，方便软件处理）。以 2MHz 速率采样时，存储时长为 8s。

但是在试验过程中，测试人员将测试的时长设置为 1min，系统的固件代码将存储时间和采样率绑定，以实现存储数据不溢出。即数据量＝2B×200kHz×60s＝24MB；固件程序满足数据不溢出条件，直接控制 ADC 采样降速至 200kHz。

图 7.2 所示为 ADC 的采样策略，图中是一个频率为 250kHz 的正弦信号，ADC 设置采样频率为 2MHz 时，可以看到图中 0.5μs 完成一次采样。该正弦波形能够较好复现。

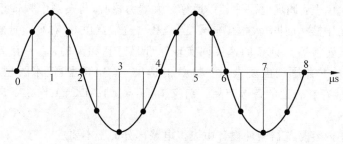

图 7.2　ADC 采样策略示意图

当采样频率设置成 200kHz 时,5μs 完成一次采样,图 7.2 中的信号最多只进行 2 次采样,无法采集到该频率的波形(不满足香农采样定理)。

受限于缓存的深度,如果延长采样时间,软件则必须调整采样策略,牺牲采样速率。根据测试目标需求,配置采样速率和采样时长,故障得以解决。

7.1.4　举一反三

案例讲述的是一个应用于特殊场景的专门的系统,系统受限于自身缓存深度,在面向较大数据存储的应用时,被系统的软件控制机制"滤波"。实际硬件电路设计中,这种专门的系统可能并不常见,但是硬件工程师经常会用到示波器,在示波器的应用中,常常会出现一种类似本案例的使用误区。例如示波器表头标识 1GHz,5GSa/s。做电源噪声测试,带宽要求 200MHz,而测试中还要求显示 1s 的数据。事实上,当将横轴调试成 100ms/格(1s 显示 10 格数据)时,采样的带宽已经自动调低,相当于进行了数字滤波。

软件调整的机制,和采样的模拟带宽 1GHz(远高于 200MHz 条件)没有关系。

7.2　案例 24——半实物仿真旋转变压器的输出角度抖动故障

定制化仪器的故障排查难点在于系统是面向专门的场景设计的,硬件技术人员除了需要完成电路模块的设计,还需要规划系统实现方案,并与固件工程师或驱动工程师沟通实现的细节。这对硬件技术人员的技术综合能力是一个考验。

7.2.1 项目背景及故障描述

本案例中的系统是一套半实物仿真系统。通过该系统模拟正余弦旋转变压器(下文简称旋转变压器)角度信号的输出。其故障为模拟角度输出信号具有±1°的剧烈抖动。

下面介绍系统的背景知识,首先介绍旋转变压器和半实物仿真的概念。

1. 旋转变压器

旋转变压器是利用电磁感应原理指示角度输出的无源传感器,如图7.3所示。这个传感器包括变压器原边和相互正交的变压器副边两部分。传感器工作时,对原边输入交流电压$\dot{U} \cdot \sin\omega t$,副边会输出两个实时的电压值或电压有效值,如果我们假设变压器原边绕组和副边绕组是1:1,那么旋转变压器两个副边的感生电动势分别为:

$$U_{A_1\text{-}A_2} = \dot{U} \cdot \sin\omega t \cdot \cos\theta$$

$$U_{B_1\text{-}B_2} = \dot{U} \cdot \sin\omega t \cdot \sin\theta$$

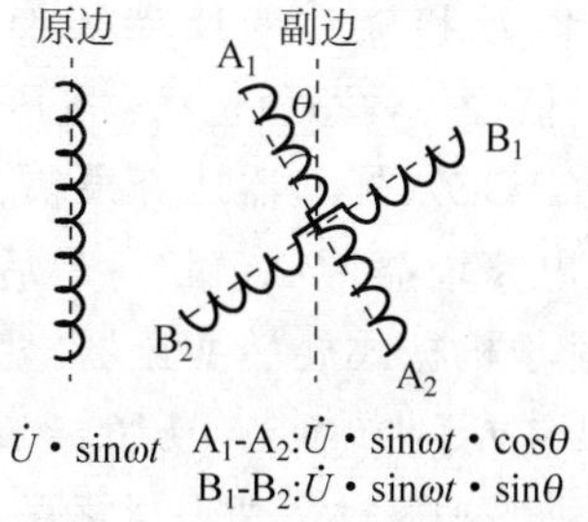

$\dot{U} \cdot \sin\omega t$ $A_1\text{-}A_2 : \dot{U} \cdot \sin\omega t \cdot \cos\theta$
$B_1\text{-}B_2 : \dot{U} \cdot \sin\omega t \cdot \sin\theta$

图7.3 旋转变压器原理示意图

利用下面的公式即可解算出变压器原边与副边的相对角度θ:

$$\tan\theta = U_{B_1\text{-}B_2} / U_{A_1\text{-}A_2}$$

旋转变压器的副边线圈可以包含多组,可以提高输出角的精度。自整角机的原理与其类似,是三组120°线圈。

旋转变压器的优点是传感器自身是无源器件(只有机械线圈),适合工作于恶劣环境。根据角度θ的解算公式,原边输入电压$\dot{U} \cdot \sin\omega t$会在计算中抵消,所以角度$\theta$不会受到原边信号质量的影响,可以直接采用电源(包含很多信号杂波)接入原边,正交的变压器副边会滤除来自于原边的共模干扰,提高传感器的精度,但这个传感器依赖于高精度机械加工来确保副边线圈绕组的正交角度和一致性等。

该传感器具有适用于恶劣工作环境(例如低温环境)的特征,曾广泛应用于飞机舵机角度的测量。机载400Hz的交流电压加载于传感器原边,通过测量副边(衰减后)的电压比值计算舵机角度,并输入机载计算机。

2. 半实物仿真

为校准机载计算机各种测量功能、性能,设计了一套仿真旋转变压器仪器系统,并向机载计算机输出正交的电压信号,校验机载计算机的角度解算性能。该旋转变压器半实物仿真系统框图如图7.4所示。

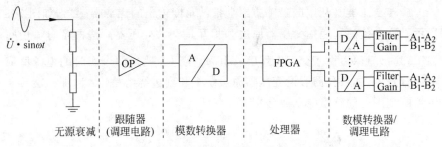

图 7.4 旋转变压器的半实物仿真系统信号链

该仿真系统的输入信号和旋转变压器实物的输入信号一致,都是400Hz的机载交流电源。信号传输路径包括:电压无源衰减模块、保护和信号调理模块、模数转换器(ADC)、处理器运算模块、双路数模转换器(DAC)解算模块、滤波器和放大电路增益调制模块。最后输出仿真旋转变压器副边的正交电压信号。相对于机械式旋转变压器,使用该半实物仿真系统校准机载计算机的优势主要包括两方面:一方面通过数字电子技术的应用提高输出角度信号的精度,主要是通过微处理器解算正交信号输出;另一方面可以通过软件快速设定角度,或编程仿真角度输出的动态变化,测试机载计算机的角度解算性能。

7.2.2 故障分析思路

上文简述了系统原理,理论上系统输出的角度是非常稳定的,因为旋转变压器在计算原理上滤除了共模噪声。对于本案例中发生±1°的抖动故障,首先梳理该半实物仿真的信号链路,信号在接入FPGA之前是同一条信号链路,相当于旋转变压器的原边信号,这部分信号会在$\tan\theta$计算公式中抵消,一定不是导致故障(抖动)的因素。

故障一定出现在信号链路拆分为两路之后,其两路正交的副边电压的输出差异对角度解算造成影响。首先怀疑故障问题是DAC两通道及滤波放大电路的一致性差异导致的,因为这部分电路是模拟电路,电路参数明显存在一致性差异(例如有源滤波器的电容器件,常温下选用瓷片电容容值误差为±10%),从而引入共模噪声。

另外,在实验室使用信号发生器或可编程电源作为输入激励信号时,角度抖动是微乎其微的(0.01°),或者无抖动。但是在试验现场接入机载电源激励时,角度抖动则非常剧烈,从示波器查看机载电源的信号不是标准的正弦信号。前文已经论述,从旋转变压器的理论推导,角度的输出与输入信号质量无关联(在算式中抵消)。这个现象是故障排查过程中的一个疑点。类似这种与试验设想不符,甚至观察到的现象是与该类传感器的基本原理(理论)相违背的,这种疑点一定要在试验报告或者研发技术会议中着重标识、展开讨论。因为此类与理论相互矛盾的疑点,一定暗含着这个案例的切入点甚至核心。

7.2.3　故障排查及原理分析

旋转变压器角度输出的理论算式会滤除共模干扰,激励源及输入信号通路中单通道部分的干扰都会在计算中被抵消,所以旋转变压器的干扰只能是信号进入双通道后的差异而引入的。另外信号进入双通道的信道一致性差异是值得怀疑的,主要是外围模拟电路器件的一致性较差。

关注理论计算公式的同时,还需要牢记一个工程实践的原则,即深入思考、解析故障发生的试验现象。案例故障是发生了旋转变压器输出角度剧烈抖动,需注意此处不是严重的静态偏差——这是测试计量技术中"精密度"的概念,例如目标是输出 45.00°,实际稳定地输出 50.00°(没有抖动),说明仪器输出很精密,但是不准确。

1. 关注异常故障现象

笔者起初研究 DAC 输出的通道的一致性参数,并计算这片 12b DAC 的通道间误差所造成的角度偏差。因为本案例中 FPGA 可以精确量化输出两路正交信号,DAC 的通道差异可能是输出电压具有误差。此时问题变得复杂,一方面 DAC 具有积分非线性,也就是器件并不是在全量程范围具有一致的误差。另外 DAC 输出电压的误差对两路正交电压值计算 $\tan\theta$ 的影响不是线性的。例如在接近 0° 和 90° 处,一个微小的电压误差对角度影响很大,而在 45° 角时,影响相对较小。

笔者又研究了有源滤波器的布线和器件差异,案例中的滤波器是采用双运放搭建的 5 阶切比雪夫 I 型滤波器。因为切比雪夫滤波器在通带内是不平坦的,频谱不纯净的激励信号(输入信号包含很丰富的频谱范围,并非单音400Hz信号),通过两路参数存在差异的切比雪夫滤波器,或可能产生角度解算的抖动。

笔者对滤波器进行量方面的调整,一种是拓扑不变,更换阻容参数,调整滤波器为巴特沃斯型(通带平坦)。另一方面的调试是限制滤波器带宽,提升信号的信噪比,收窄噪声(抖动)发生的频带。因为激励信号和输出信号都是400Hz,笔者把低通滤波器的−3dB频点收窄至1kHz,又收窄至几百Hz,两种调整之后故障依旧。

2. 精确思考

本书第1章讲述客观分析现象的重要性,提到精确地理解每一个电气参数,同样是客观。

(1) 通道的差异是静态偏差,而非动态偏差。

再次思考DAC通道差异是否会造成角度输出的抖动故障。事实上是不会的,因为通道的差异只会造成角度的偏差,是一个静态量,如前文举例目标角度输出45.00°,如果$\sin\theta$和$\cos\theta$没有按照1∶1输出,角度解算一定会有偏差,但不是动态变化的角度抖动,而是一个静态的角度偏差。

(2) 理清系统的输入和接收条件后,再动作。

如果激励信号的频谱成分不纯净,即除400Hz以外,还有其他频率分量。同时切比雪夫滤波器的通带不平坦,双通道输出后差异更大。

此时需要思考,尽管输入激励质量差,激励波形是否为周期变化的信号;另外,角度指示器是实时采样,还是有效值采样计算。如果激励信号是周期不变的(仅是频谱复杂,非正弦信号),采样端是通过有效值计算,那么滤波器的差异不会造成严重抖动,仍然是静态偏差而不是动态抖动。如图7.5所示,不纯净的信号频谱与滤波器的乘积仍是一个固定电压有效值。

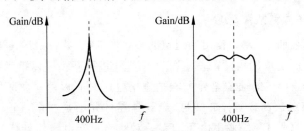

图7.5 输出信号频谱与滤波器频率相应

3. 系统思考

(1) 正确的算法。

系统功能的实现需要多工种的工程师协作,特别是这种定制化仪器。

很多工程师对其系统原理的理解并不清晰,常凭借个人的编码习惯和对系统的理解实现。故障排查停滞,笔者联系硬件、固件和软件工程师,一同探讨对该系统的理解。固件工程师讲述 FPGA 的解算程序时,笔者发现出现了原理错误。

图 7.6 所示是正确的数据处理机制,即 ADC 转换后的数字信号进入 FPGA 后分成两路,分别乘以 $\sin\theta$ 和 $\cos\theta$ 两个算子,经 DAC 再转换成模拟量,调理后用于计算。

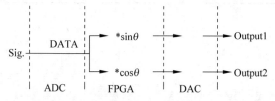

图 7.6　半实物仿真旋转变压器的数据流

(2) 故障的根本原因——错误的算法。

但是,实际程序是按照如图 7.7 所示的算法来处理的,固件工程师将 $\sin\theta$ 算子所在通道的数据相位移动了 $90°$,生成了 $\cos\theta$ 的算子通道的数据。在数学理论上,对 $\sin\theta$ 做相位移动可以得到 $\cos\theta$,但是在旋转变压器的物理原理中,时域的数据平移彻底破坏了 $\tan\theta = U_{B_1 \text{-} B_2}/U_{A_1 \text{-} A_2}$ 的物理特性,在解算 $\tan\theta$ 时,若两路输出信号不在同一个采样时间点,则无法抵消共模干扰。

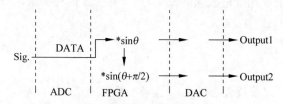

图 7.7　错误的数据生成流程

特别是在激励信号频谱而非纯净 $400\,\mathrm{Hz}$ 信号时,输出用于解算角度的两路电压信号无法抵消共模信号,造成输出角度剧烈抖动。

最后本案例调整固件的解算策略,输出同一采样时间点的两路正交信号,角度抖动故障排除。

第8章

故障排查与硬件设计

本书的视角是面向研发过程中的故障排查,其出发点是对已经发生的故障寻求解决办法。前 7 章的内容都是围绕这个主题讲述的。

读者可能觉得"太艰苦了,太被动了"。笔者也有"早知今日,何必当初"的感受。提升产品质量始于规划设计,对硬件设计人员而言,在图纸画完的那一刻,就已经能够感受到这个板子的质量并预料到调试阶段任务的份量了。

从另一个角度看,在设计阶段提升硬件图纸质量并意识到设计中的风险,从而最大限度地规避故障的发生,是设计工作的更高级阶段。

8.1 拙战论

兵法曰:"故善战者之胜也,无智名,无勇功"。

在电路与系统设计主题中,如果读者看到的故障排查案例很精彩,修正手法很精妙,必然是在最初方案规划和原理设计阶段出现了严重纰漏。真正优秀的研发设计人员通常是平静而稳重地工作,讲不出什么精彩的段子,于无声处听惊雷。笔者在此讲两个故事。

1. 步步惊心

第一个案例是一个双 CPU(且引脚兼容)的单板方案,原理设计时误将其中一颗 CPU 的电源 GND 引脚连至 1.8V。而此 GND 引脚是芯片电压和温度自检(内部 ADC)的供电"地"引脚,芯片自检失效。自检流程是芯片硬件逻辑,软件无法规避。芯片初始化程序无法加载,后续系统验证完全无法开展。

用户样机验收时间紧迫,不能接受重制 PCB(高速板材备货、PCB 加工厂排产,周期过长)。同时,芯片 BGA 封装,错误连接的引脚在 BGA 的中心处,扇出后直接连至 1.8V 平面,也没有直接的"飞线"等补救策略。

笔者灵机一动,采用一个"背钻"方案(背钻是 PCB 制板中,处理 PCB 高速信号桩线 stub 的常用工艺)。执行一次背钻使原加工错误的电路板存在可利用机会,再进行第二次打贴,如图 8.1 所示。

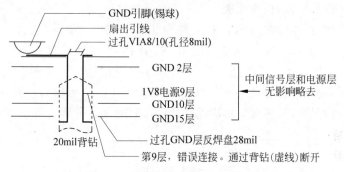

图 8.1 错误的连线与背钻示意图

除了背钻断开错误连线以外,还需要使用一根漆包线穿孔做"飞线"。笔者制定了一个"背钻和飞线"方案,目标是使误连引脚与供电 1.8V 断开,通过飞线连接至 GND,如图 8.2 所示。

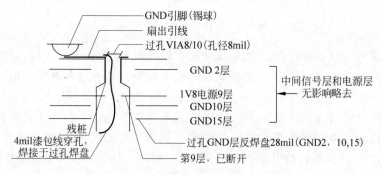

图 8.2 理想的背钻与飞线连接状态

具体流程如下。

(1) 背面(焊接工厂一般称为 BOTTOM 面)刮上锡膏,SMT(Surface Mounted Technology,表面贴装技术)焊接,PCBA 工厂均是先焊接阻容较多的背面。

(2) 背面 SMT 焊接完成后,将背钻的通孔穿线(原误连至电源层引脚处理为直接扇出后至电源层的通孔,开窗、无塞孔工艺),将孔添锡膏或直接用手工烙铁焊接,完成飞线,飞线微出孔,正面不需要修改钢网,能够保证正面的平整度。

(3)正面(焊接工厂一般称为TOP面),刮上锡膏,SMT焊接。

在第一次打贴的电路板上,已经确认无塞孔工艺,试验穿线成功,似乎万无一失,能够解燃眉之急。盲目自信没有检查返厂重新进行背钻修改的电路板,反焊接完成后,在准备穿线时发现,因为存在"钻屑",后补背钻的电路板通孔全部堵塞,根本无法穿线。

试图将钻屑堵塞导通,BGA的扇出孔为8mil孔径,且公差一般为-5mil~+3mil,背钻钻头是20mil的,背钻后剩余6层左右的"残桩"(stub)。这种过孔的径深比非常小,再压实填满钻屑。使用高压气枪吹,细钻头疏通,想尽各种方法……但是对反面已经焊接的半成品一点用都没有(如果没有焊接或许还可以再次返厂处理),如图8.3所示。

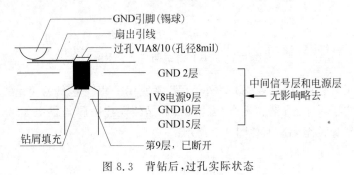

图8.3 背钻后,过孔实际状态

背面已经焊接完成,正面的器件正在填装料车,准备上线焊接。焊接工厂不是实验室,没有停下思考和开会讨论的时间。笔者只有再次承担风险,申请一片正在被清点待上线的芯片,对比图纸量测一下不同区域GND引脚之间的阻抗,目标是"如果这些GND在芯片内部就连接在一个金属平面上,那么板上漏掉一个GND引脚(不接地)也能满足需求"。困难的抉择在于这个ADC_GND是自检电源唯一一个供电地引脚。悬空该引脚意味着仅能寄希望于该信号连接于芯片内部金属层,涉及芯片版图和工艺的内容,没有办法得到上游厂商的答复。只能寻找芯片上不同供电区域(BANK)、不同功能类型的GND,相互之间测量一下静态阻抗,确认ADC不是一个完全独立隔离的单元。就这样硬着头皮持续推进……最后,试验样机顺利交付。

这种"步步惊心"的过程不应该一个合格的硬件工程师所推崇的,所谓"绝路逢生"的绝路大多是自己疏忽走出来的。

"故善战者之胜也,无智名,无勇功",一位硬件工程师若能常年默默无闻,经手的工作平静而稳定,那是非比寻常的道行。

2. 步步为营

第二个案例是笔者经历的一次计算机相关项目图纸评审,感触至深。一般计算机板卡的原理中包含若干页:内存控制器与内存插槽(socket)或者颗粒的连线,CPU间的互联总线,前端总线,PCIe总线等,这些图纸内容少则十几页,多则几十页。在通常的评审中,这些功能和描述可能一带而过。主讲人翻一翻,大家看一看就过去了。内存的宏观功能划分为数据、地址、控制、时钟四类线路,大家也熟识。总线也就检查一下 TX 和 RX 的互联关系。评审讲解得飞快,一会儿就翻十几页。

此次主导评审讲解图纸的这位老师不同,要求每条线都要用鼠标点击一遍,以确认 EDA 工具连接。还有两位同事,分别跟进参考图纸,看到有疑惑的地方随时报告,大家讨论。这一个项目图纸评审的时长就可想而知了。有的读者可能觉得这方法笨拙,多此一举,或者觉得"检查输出报告就好啦……"。

下面还有更"拙"的。

这是一块计算机单板,阻容器件近千,板上的电阻值是确认过一遍的。包括 CPU 周边的上/下拉阻值,1kΩ 还是 10kΩ 都是有出处的。有的读者可能会说一个上拉电阻会有很大区别吗? 有的芯片 I/O 内部会有默认的电阻值及默认状态,如果设计约 5~20kΩ 范围的下拉电阻,随便用一个 10kΩ 上拉电阻,在调试时,这个初始化状态就有可能引发故障。

板子上所有的 I^2C 总线上拉电阻是初步计算过一轮的。有的读者可能觉得,"上拉电阻值,不就是常规的那几种,实际应用中有问题再调整也可以。"

那么为什么不在设计中预先计算,在测试中针对测试结果进行优化呢。主要还是觉得低速线路,影响不大,导致设计的态度不够严谨。

I^2C 总线规范中约束了两种模式的上升时间和对应电平范围,如图 8.4 所示,同时 I^2C 总线规范约束了在标准和快速模式下最大支持 400pF 的容性负载。那么上拉电阻的计算如下:

$$0.3V_{pp} = V_{pp}(1 - e^{\frac{-t_1}{\tau}})$$

$$0.7V_{pp} = V_{pp}(1 - e^{\frac{-t_2}{\tau}})$$

$$\tau = RC; \quad (C_b = 400\text{pF})$$

得到: $t_r = t_2 - t_1 \approx 1.204RC - 0.357RC = 0.847RC$,故当 $C = 400\text{pF}$ 时,标准模式的上拉电阻 $R < 2.95\text{k}\Omega$,快速模式的上拉电阻 $R < 885\Omega$。

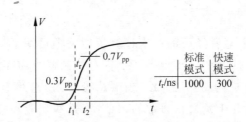

图 8.4 I^2C 总线的上升时间和对应的电平范围

上拉电阻值同时受到负载驱动电流 3mA 的约束,仅考虑电源→上拉电阻→外设的电流路径(图 5.8 中的电路是不同的情况,电流不但驱动外设,而且会向开关芯片内部分流)例如,当 $V_{pp} = 3.3V, R > 1.07k\Omega$。

除了上述电阻的计算,板子上所有大负载芯片的电容是核查过的,每一条连线的功能是确认过的,这样才是打造产品,而非样品。

在本篇末尾重温曾国藩名言:"君子赴势甚钝,取道甚迂,德不苟成,业不苟名,艰难错进,迟久而后进。铢而积,寸而累,既其纯熟,则圣人之徒也。"

8.2 高质量的设计动作

在高水平的体育比赛中,运动员的每一个看似普通的动作,实则都带着技巧或力量。如果竞技中的某一方能力不足,对抗结果就会高下立判。

硬件原理图设计的过程也是如此,设计中的每一次高质量互联动作都是降低产品故障率的保障。如何理解高质量、高水平的互联动作呢?

1. 遵循系统规划,兼顾系统优化

一般产品的系统级框架是产品规划者、市场调研者、系统工程师等群策群力的结果,对一个硬件产品而言,系统工程师会初步给出一个硬件的框架和配置,当然在这个系统框架的规划中,系统工程师会同各技术工种的工程师进一步沟通方案。笔者所见的硬件项目开发,系统工程师这个职位,呈现出两种极端的情形:

(1)一种是经验非常丰富的系统工程师们。他们一般出现在成熟且具有一定技术门槛的行业,例如通信行业。无论是有线产品还是无线产品,都具有成熟的标准和产品迭代演进过程,而这个行业的系统工程师是在基层中一步步"打磨"出来的。兼具对系统和细节模块的理解。对硬件工程师而言,这种系统工程师的规划具有很强的可执行性。

(2)另一种是新兴行业,交叉学科产品的系统工程师。因为行业都是崭新的,标准尚未确立,此时指望系统工程师能够给出可执行性很强的方案是

不现实的。所以在此情况下,这个职位大多是缺失的(硬件工程师承担大部分工作)。

无论是上述哪种情形,硬件工程师的心中必须有清晰的系统框架,遇到执行过程中细节与系统规划冲突的情况,要及时沟通反馈,积极同项目相关人员进行讨论。硬件工程师是需要具备一定的系统级视角的,而不能纯粹地"等、靠、要",变成一位 EDA 工具的操作员。

下面列举一些兼顾系统的设计细节。

例如在时钟方面,拟采用 PLL 实现系统的时钟解决方案。除了兼顾电压、接口标准、抖动、占空比、上升时间、摆率(Skew Rate)等硬件参数的常规要求外,若系统单板存在多路、多频点的时钟需求时,还需要规划采用多片单 PLL 芯片,以满足系统的多频点需求,或采用单芯片集成多 PLL 的方案,而上述几种方案可能存在时钟布线路径问题,特别是一些频率较高的单端时钟输出,线路不宜过长。这些都需要硬件工程师综合考量。

例如在电源方面,除了功率、静态/动态参数等常规要求以外,还可以考虑将一些电压需求合并,例如系统中包含 1.1V 的电平需求,板上 1.2V 的电源电压是比较常见的(DDR4 和一些高速通信链路 Serdes 的参考电平),计算 1.2V 相关参数若能满足 1.1V 的裕度范围,能否将两种电平合并。

同样的,系统能否复用或合并一些接口转换芯片、存储功能芯片,或者通过系统冗余而提升系统的健壮性,或者分离固件、软件工作。当然,此部分内容和系统工程师相关性更强。

又如系统的可制造性、可测试性、可维护性等,设计过程中可兼顾阻容元器件的合并,简化物料清单(BOM);通过硬件的状态编码取代固件烧录,减少一道生产工序;设计合理的测试接口兼顾测试方案……当然,此部分内容需要和 DFx 工程师的配合。

上述大部分内容,是由专业工种的工程师负责的,但是硬件工程师作为项目原理的设计人和执行人,最了解单板的电路关系和连接细节,有责任深入参与优化设计,并提出建议、参与讨论。

2. 保持警觉,高质量地执行每一次互联

下面以一个计算机主板项目中的 CPU 和内存为例,阐述如何高质量地执行互联动作。CPU 与内存系统是计算机主板和高端仪器系统中重要且相对复杂的电路模块,因此对电路模块原理图设计过程的讲解具有典型意义。通常上游厂商会提供此部分电路的参考,似乎给硬件工程师发挥的余地很小。这部分的原理图通常包括:

CPU 的内存控制器、CPU 间的互联总线、系统外设总线(PCIe 总线)、控

制总线与约束配置、GPIO、低速总线接口等,这部分属于 CPU 芯片;内存 DIMM 或内存颗粒;以及支持上述系统工作的时钟和电源电路。

(1) CPU 的内存控制器与内存互联部分。在原理图上,这部分互联线路按照功能分为数据线、地址线、控制线、时钟线。

首先将数据线按字节(byte)分组,并与该组内的数据选通信号(Data Strobe,DQS)和数据屏蔽信号(Data Mask,DM)对应,使原理图一目了然。按照字节分组也有利于 PCB 布线时的组内线路调换。

其次整理互联线路中的地址线,常见线路名为 A[17:0](读写控制,行、列选通与地址线复用)。特别地,在主板应用内存颗粒时,还需要规划 SSTL 上拉 VTT 电平的电阻(PCB 布线后,需根据 SI 的结果调整阻值)和参考电源平面配置的去耦电容。

在控制信号中,根据内存 Rank(64 位 Physical Bank)规划对应的"片选"信号(Chip Select,CS),根据颗粒类型选择考虑 BG(Bank Group)信号处理。

在时钟互联线路中,注意耦合电容处理。

以上就完成了 CPU 内存控制器和内存之间的线路互联部分。接下来需要核查 CPU 内存控制器的外围电路以及内存颗粒的外围电路,包括带隙基准的外部参考电阻,V_{REFCA}(Reference Voltage of CA)信号引脚的滤波处理,DDR3 还包含 V_{REFDQ}(Reference Voltage of DQ)等。

(2) CPU 间的互联总线是计算机体系结构和芯片设计的核心内容之一,相对而言板级硬件电路的设计比较简单,需要给予特别关注的是多 CPU 系统的拓扑关系,以及总线发送与接收的对应互联。

(3) 系统外设总线部分,最常见的是 PCIe 总线。需要梳理清晰 CPU(Host)和外设(End Point)的发送与接收关系。交流耦合电容的选型(容值、封装)和位置规划(原理图上即明确体现,不要将这些问题留给布线工程师)。

一般地,PCIe 总线规范中物理层(PHY)满足 Lane Deskew(数据时序对齐)、Polarity Inversion(极性反转)、Lane Reversal(逆序),以方便 PCIe 的布线。若布线有调整连接关系的需求,针对芯片约束和测试需求协调处理。此处约束指有的芯片限于物理层实现的约束,或存在信道(lane)间等长约束要求。有的可配置芯片的链路测试配置/代码或与 PN 极性有关,需要具体问题具体分析。

(4) 在 CPU 的控制和约束信号中,硬件工程师除了需要熟悉系统的配置约束外(这部分是兼顾系统的内容),还需对信号的电源域、默认状态(IN/OUT、上拉/下拉/漏极开路等)敏感,发现特殊点及时核实,确认设计的依据。GPIO需要沟通BIOS的默认配置和应用场景,清楚特殊应用的I/O功能。

(5) 时钟模块,CPU输出的时钟一般是经过内部PLL倍频后的互联总线时钟、PCIe 100MHz时钟等,应用场景明确。互联时确认对端设备的应用场景和电平要求。相对地,单板时钟电路模块设计考虑的内容更多些,具体可以参考本书第2章。

(6) CPU的电源域复杂,需熟悉每个电源域对应的功能模块,与电源工程师(VRM)紧密沟通其参数需求,包括通流需求、纹波及噪声(磁珠Bead的参数选择和使用)、能否合并供电等。

以上是以CPU和内存组成的系统为例,拆解如何执行原理图设计中的高质量互联动作,这与复制上游厂商的参考电路存在本质差别,是提升单板质量与成功率的重要保障。

后记 从彷徨到呐喊

这本书的理论知识原本是我在大学时候学习过的,但是太多的时间用来"做梦",大半都忘却了,当时自己也并不以为可惜。为何学,怎么学,有何用,全不知道。回过头看,可惜的是那些宝贵的时光……

在彷徨中工作了几年以后,无奈地拾掇了一下残存的"偏苦于不能全忘却"的那点知识,准备考研。在面临挑战的时候,才知道自己的匮乏,只能在就近的大学蹭了半年课。半年应试功利的补充是远不够的,于是读研期间,又和本科生蹭了一年的课。过去的未珍惜,想捡回来有些辛酸也是平常不过的。十几年后,这些知识基本上又都忘却了。而这个过程,最大的收获是不再将知识作为武器去挑战老师了。

所谓怀疑精神是需要知识基础的,是学习、怀疑、再学习的全过程,目的是为两次"学习",而不是为那一次"怀疑"。大学时代,我恰恰把自己这只"杯子"加了"盖子",去和老师"杠"。后来,从一个极端又走向了另一个极端。唯唯诺诺,没了主意。

读研第二年的实践环节,知道这速成的知识不是力量,因为八成还是新东西。学些什么,怎么学,能做什么,我又一次陷入彷徨。幸运的是"忙",没有"做梦"的时间。这时做了很多作坊里的活,做了自己第一个"小板凳",不知道为何无法工作。第二个"小板凳",老师说我这个做的"丑",敝帚自珍,我心里不服气。第三个"小板凳",PPT的"美"……

鉴于上述,在硕士毕业时,相较于大多数同学,我是读书前多走几年的"弯路",这又走了几年"山路"。但是"走路"总比想东想西地"做梦"是要踏实一些。

阴差阳错间,毕业后我开始学习抄计算机DEMO,几片、几十片的生产。这样做了一年后,有了"硬件不过如此"的"底气",也成了制造业中典型的"非核心技术",名副其实的"连连看"工程师。随着ASIC集成度的提升和"解决方案为王"的到来,硬件工程师的杂务愈多,作图的时间愈少,技术的声音愈小。对EE这工作有了"连"的"底气",对EE这行当却没了信心。鲁迅先生这一段再贴切不过了:

"我感到未尝经验的无聊,是自此以后的事……凡有一人的主张,得了赞和,是促其前进的,得了反对,是促其奋斗的,独有叫喊于生人中,而生人并无反应,既非赞同,也无反对,如置身毫无边际的荒原,无可措手的了,这是怎样的悲哀呵,我于是以我所感到者为寂寞。"

于是,我想过、学过做嵌入式,想转行做程序员;一度迷恋做芯片,想转行"高端制造"……我又一次陷入了深深的彷徨。

孟子曰:"爱人不亲,反其仁;治人不治,反其智;礼人不答,反其敬。行有不得者,皆反求诸己。其身正,而天下归之。"

"行有不得,反求诸己"。携带着"梦想"与"彷徨"的问题,身体力行则在工作中满眼都是答案,一部分答案也就成了这本书的内容。

偶有朋友交流硬件工作的彷徨与苦楚,在与朋友分享了工作中体会后,朋友建议"先生还是写写吧。"我有些纠结,孟子曰:"人之患,在好为人师"。同时我更不是一个"振臂一呼应者云集的英雄"。所以这本书,首先还是写给自己,以之自勉。

回首20年,伴随着计算机与通信行业的巨大变化,硬件工程师的视角更加侧重于系统、芯片组、解决方案……这些宏观的内容,对电路的细节处理则愈加粗糙,自嘲"连连看"的同时,我们是否曾精心细腻地打磨自身技术呢。尊重与未来应该是依靠我们的努力换来的。

"为往圣继绝学"。与读者朋友们、同行们共勉。

参考文献